건축설계 강의노트

Fundamentals in Architectural Design

大韓建築學會

머 리 말

건축설계를 교육한다는 것은 매우 어렵다. 건축설계 교육에 대한 오랜 전통은 감각에 의존한 경험적 반복에 의해 가르칠 수 있다는 것이었다. 이는 도제식 교육방식으로 기술자 밑에서 기술자가 하는 방식을 관찰하고, 시키는 일을 따라 하면서 자연스럽게 배워나가는 방식이다. 체계적이거나 이론적이지는 않지만 도제식 교육이 건축 분야에서는 오랫동안 반복적으로 행해짐으로써 건축설계교육의 정통적인 방식으로 인정되어 왔다. 그러나 오늘날 사회는 복잡해졌고, 사람들의 역할은 구분되기 시작하였으며, 관습적인 방법에 의한 건축설계보다는 창의적인 설계에 중점을 두면서 오랜 시간 점진적으로 건축설계를 배워나가는 도제식 교육은 쇠퇴하고 있다.

건축설계의 주요 요소들이 세분화되고 이론화되면서 오랜 시간에 걸쳐 배울 수 있었던 건축설계의 쟁점들을 빠른 시간에 습득할 수 있게 되었으며, 이를 바탕으로 새로운 건축의 지평을 열어갈 인자들을 찾는 것에 중점을 두게 되었다. 이른바 도제식 교육으로부터 이론을 바탕으로 한 창의성 교육으로의 변화가 일어났다.

본 교재는 건축설계를 위해 알아야 할 요소들을 일목요연하게 정리하고자 하였다. 건축설계를 잘한다는 것은 개인의 역량에 달려 있다고 하겠다. 하지만 건축설계의 기본역량을 갖추는 것은 건축교육에 달려 있다고 생각한다. 본 교재는 건축설계를 진행하는 데 있어서 기본이 되는 요소들을 나열하고, 학생들이 기본 요소에 대해 올바르게 이해하고 습득할 수 있도록 구성하여 건축의 기본이 되는 역량을 확보할 수 있도록 하는 데 중점을 두었다.

과거에는 건축계획의 프로그램 구성이 건축설계 교육의 근간인 것으로 대체되어 교육되었다. 근대화를 늦게 겪은 우리나라는 현대식 건물에 대한 이해도가 낮아 각 기능구성별 건축물의 요건에 대한 정보가 부족하였다. 예를 들어, 미술관의 동선방식을 어떻게 해야 할지, 자연채광은 어떤 방식이 좋은지, 공연장의 시각은 어떻게 확보해야 하는지, 공연종류별로 어느 정도의 거리에서 관람하면 좋은지, 새로운 건축물에 대한 기본적인 건축계획의 요건들에 대한 정보조차 알기 힘든 상황이었다. 이때의 건축계획 내용은 건축설계를 하는 데 있어서 매우 중요한 정보원이었고 건축설계의 핵심작업이었다. 그러나 현대사회의 다변화된 모습에서 창의적인 건축설계에 대한 욕구가 커지면서 건축계획의 요건이 건축설계를 대신할 수 없게 되었다.

프로그램이 건축설계의 중요한 부분이지만 건축물의 창의적 결과물을 만들어내는 데는 한계가 있다. 즉 건축설계교육의 주요 항목이었던 건축계획을 대신할 건축설계를 위한 건축교재가 필요한 시점이다. 건축설계의 기본요소 또는 기본 프로세스에 대한 가이드북이 필요한 시점이다.

본 교재는 건축설계 단계별로 필요한 요소들을 대지 및 환경분석, 프로그래밍, 개념설계, 배치계획, 평면설계, 입·단면설계, 상세설계, 프레젠테이션, 건축물 사례 분석 등의 순서로 정렬하여 각 항목별로 기본적으로 시도할 수 있는 방법의 사례를 정리하였다. 이론적으로 구별할 수 있는 요소들을 나눈 후에, 마치 도제식 교육에서 배울 수 있었던 경험의 결과들을 사례로 예시하여 체계적이면서도 경험적으로 건축설계 프로세스에 대한 교육이 진행될 수 있도록 정리하였다.

건축설계교육에 대한 오랜 경험을 가지고 있고, 창의적 설계에 대한 비전을 공유하고 있는 집필진들이 모여 학생들이 건축설계의 기본적 요소들을 보다 쉽게 익히고, 개인적 창의성을 발휘할 수 있도록 기초를 다지는 교재를 만들었다.

이 책의 출간을 위해 처음 힌트를 주셨던 김광우 대한건축학회 회장님을 비롯한 회장단과 이 책의 저술을 맡아주신 집필진 여러분과 출판의 기쁨을 나누며 감사의 마음을 전한다.

2016.2

저 자

차 례

chapter 1

대지 및 환경분석

Site and Environmental Analysis

대지분석

대지분석에서는 현장을 직접 답사하여 대지가 가지는 일조 및 바람, 조망, 진입로, 프라이버시, 공해, 소음 등에 대한 기본현황에 대한 조사를 진행해야 하며, 실측과 함께 사진촬영도 진행하여 분석의 신뢰도를 높이는 것이 바람직하다.

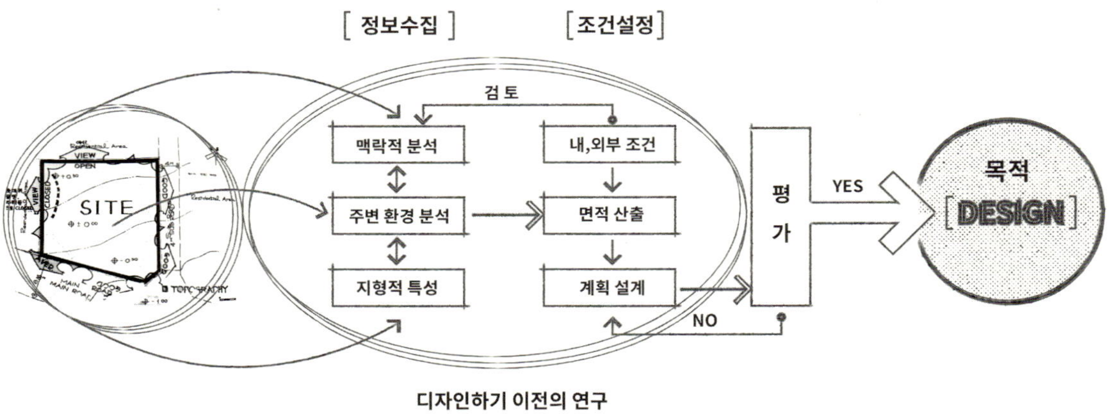

그림 1.1 대지분석의 목적과 개념

디자인하기 이전의 과정이라 함은 대상지에 대한 정보수집과 조건설정의 단계로 구분할 수 있으며, 정보수집 단계에서는 주변과의 다양한 관계성을 분석하고 이를 통해 건축물의 규모와 조건을 설정하여 최종적으로 건물의 배치와 형태를 결정하는 설계이전의 연구를 말한다.

대지분석은 건축가(설계자)에 의해 지어진 건축물은 특별한 경우가 아니라면 오랜 기간 존속하므로 부지와 관련된 현재와 미래의 상황을 예측하고, 이를 근거로 대지 내 · 외부의 상황 및 문제점을 도출하는 '디자인 이전의 연구' 로 이를 정리 · 개념화 · 발전시켜 향후 건물의 디자인에 반영하는 것이 대지분석의 목적이다.

대지분석의 개념

대지분석의 개념은 대지현황과 주변의 인문·사회적 맥락의 이해를 바탕으로 현재의 상황과 잠재적 상황을 분석 및 예견하는 작업으로 건축물 디자인 이전에 미리 준비하고 정리해야 하는 활동이라 할 수 있다.

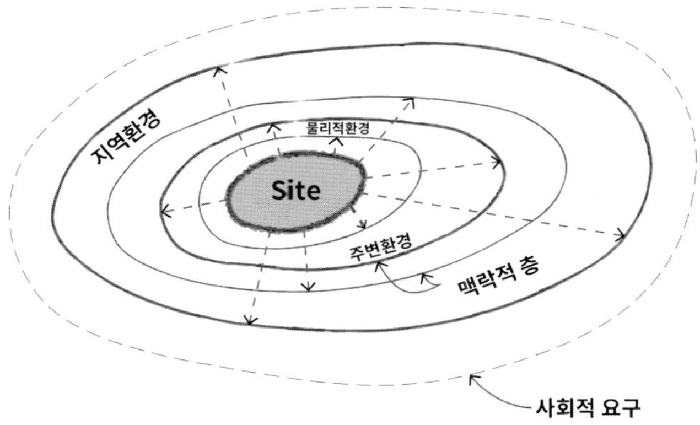

그림 1.2 부지의 맥락적 분석

이러한 분석의 요소는 크게 동적 요소와 유동적 요소로 분류할 수 있다. 이는 대지에 대해 체계적으로 분석하기 위한 과정으로 다음과 같은 특성이 있다. 첫째, 정보에 대한 중요도를 미리 정할 수 있으며 둘째, 정보에 대한 누락이 줄어들고 셋째, 복잡하고 과도한 정보를 쉽게 볼 수 있으며 넷째, 정밀한 분석을 통해 많은 대안을 제시할 수 있는 장점이 있다.

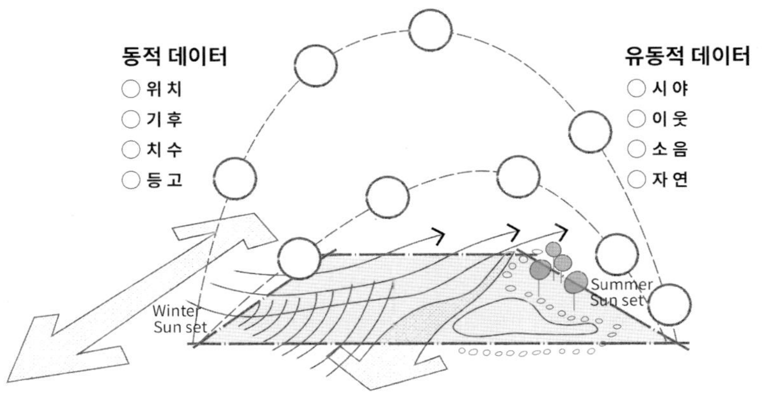

그림 1.3 동적 데이터 및 유동적 데이터 요소

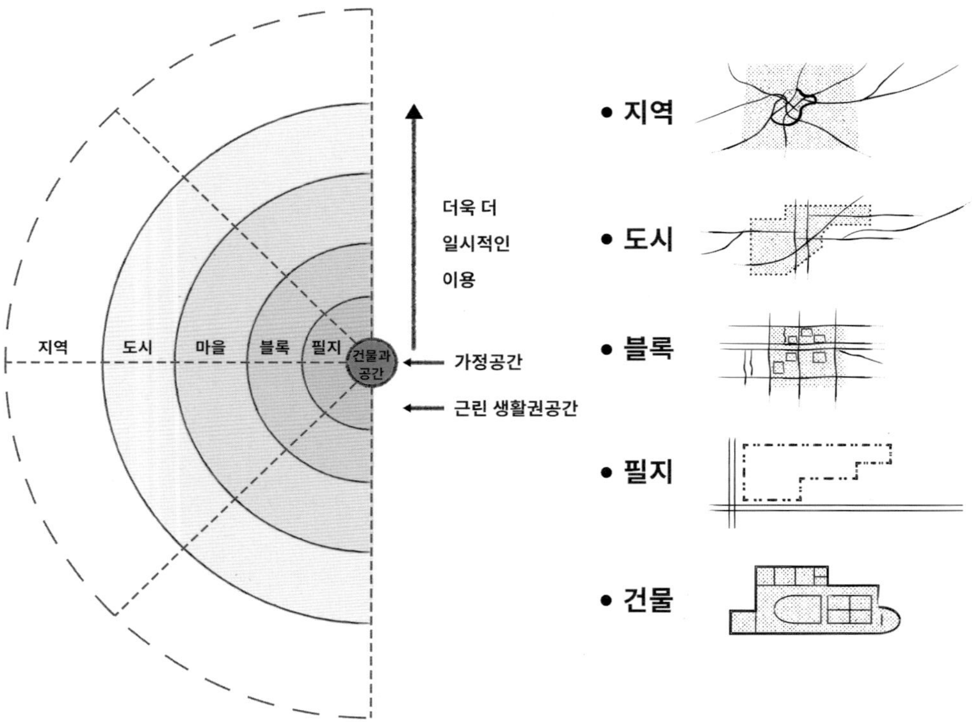

그림 1.4 정보 분석의 순서 및 내용

정보분석의 순서와 내용은 대지와 관련된 주요 사항을 수집하고, 분석을 준비하는 단계별 내용으로 지역에서 건물로 축소하는 방법으로 진행한다.

정보의 종류에 대한 분석 순서는 광역적 범위인 지역-도시-블록-필지-건물에 대한 분석을 통해 접근이 가능하며, 이는 대지와 관련된 모든 요소를 찾고자 할 때 필요하다. 그리고 건물에서 상위 지역으로 갈수록 더욱 일시적인 이용의 특성을 가지게 된다.

데이터 수집 및 정리

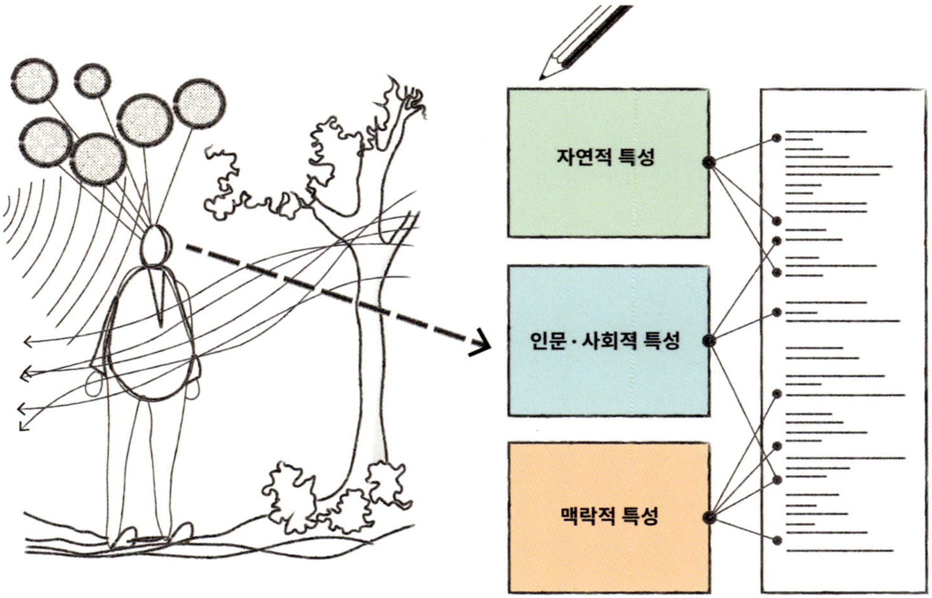

그림 1.5 데이터 수집 및 정리 방법

다양한 방법으로 수집한 대지의 정보를 건축가 또는 계획가가 직접 체험하여 주변상황을 다시 상세히 체크해야 한다.

데이터 수집 및 정리를 위해서는 도상(지도, 위성사진 등)을 통한 분석도 중요하지만 대지를 직접 체험하면서 정보를 수집하고 정리하는 것이 바람직하다. 따라서 건축가들은 대지를 직접 살펴보고 부지의 지형과 경계를 직접 체험하되 걷거나 차량을 이용하여 돌아보면서 디자인에 필요한 다양한 정보를 기존의 체크리스트를 이용하여 정보가 누락되지 않도록 재차 확인해야 한다.

자연환경분석

건축가가 확인되지 않은 상황을 직접 체험하면서 대지와 관련된 자연적 · 물리적 상황에 대한 정보를 수집하는 일련의 과정이다.

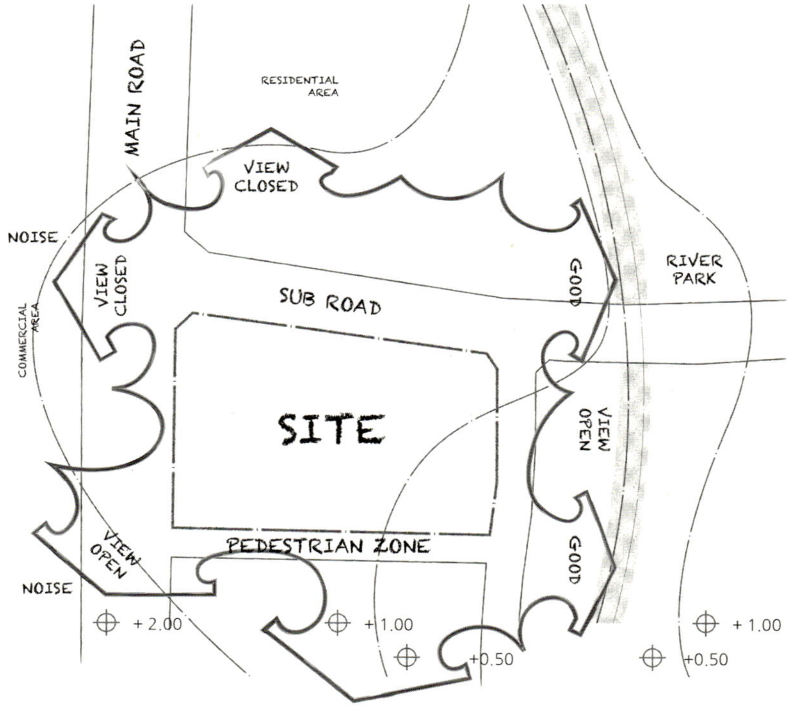

그림 1.6 대지 분석의 필요성

부지 계획 시 필요한 자연환경 및 부지관련 정보를 수집하고 정리 · 기록해야 한다.(위 그림은 부지의 지형, 경관, 바람의 방향, 태양의 고도 등에 대한 기록이 필요한 단계, ⓒ 정재용)

설계디자인 이전단계에서의 대상지 조건에 대한 분석으로 설계 시 고려해야 할 대지의 자연환경적 영향과 대지 각부의 조건을 검토하여 지형의 등고선, 수목 형태 및 크기, 지표 상황, 부지 내 · 외부의 물, 부지의 조망이나 일조, 일사 및 바람의 방향 등을 파악하여 기록한다.

지역의 기후와 대지 미기후

대상지의 기후에 대한 분석은 4계절 기후, 하지 · 동지 · 춘분 · 추분의 각 시각에 대한 태양의 고도 및 방위각, 여름과 겨울철 바람이 불어오는 방향을 조사하여 이를 토대로 건물의 방향, 거실과 침실의 위치, 외벽의 단열과 같은 에너지 관련 계획을 할 수 있다. 또한 주변지역에 공통적으로 나타나는 일반기후와 다르게 특정지역에만 나타나는, 즉 계획하려는 대상지에 나타나는 현상인 미기후(micro climate)를 조사해야 한다. 미기후는 주변의 산과 물 등에 의해 영향을 받는다. 또한 대지 주변의 자연방해물과 건물들을 파악하여 일조와 통풍의 변화를 확인해야 한다.

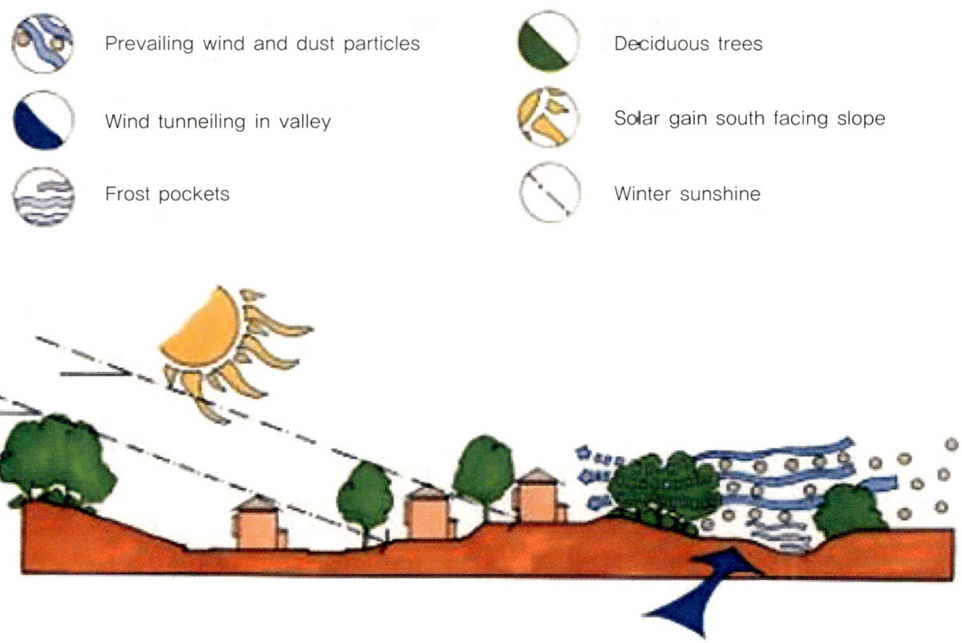

그림 1.7 대상지 주변 미기후 고려사항

기후조건 분석을 통한 계획 사례

그림 1.8 공동주택단지 풍향 및 풍속 분석 사례

위 사례는 풍향을 고려한 배치계획으로 공동주택의 계획에서 사전 기후에 대한 분석을 통해 배치계획 수립 시 다양한 주동의 위치와 높이와 같은 배치의 변화에 따라 기류의 방향이나 풍속과 같은 변화를 예측하고, 이를 통해 보다 효과적인 주동 배치를 적용하여 기류변화를 최소화할 수 있도록 계획한 사례이다.(항동보금자리 공동주택 현상 공모작, ⓒ 에이텍종합건축사사무소)

부지 내 조건

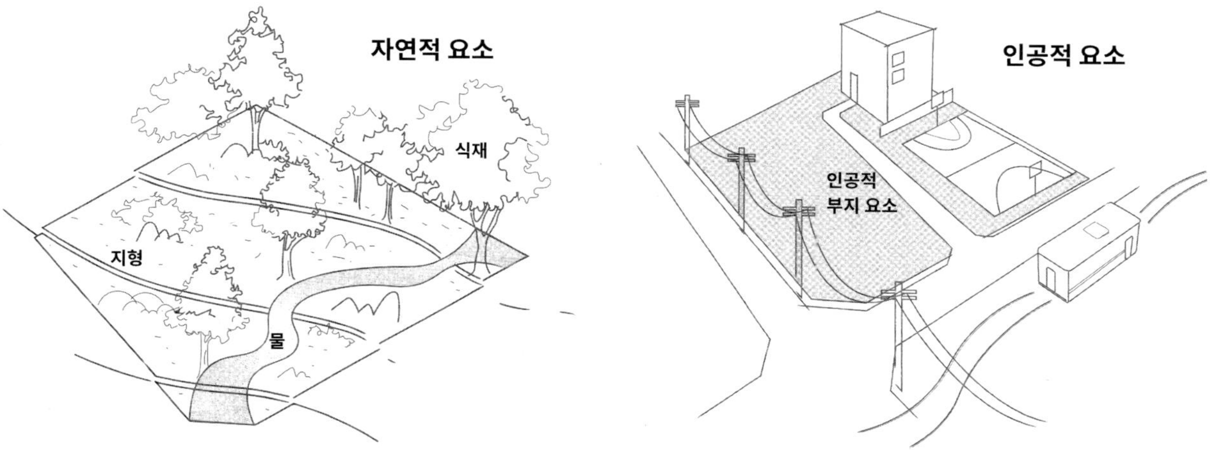

그림 1.9 부지 내 자연 및 인공적 요소

특정 부지 내 조건은 크게 자연적 상황과 인공적 상황으로 구분할 수 있다. 자연적 요소는 지형 및 배수의 방향, 수로, 수목 등을 조사한다. 이러한 자연적 요소들은 새로운 계획에 있어 방해요인이 될 수도 있지만 이 대지만의 특성을 반영할 수 있는 기회적 요소가 될 수 있다. 이러한 요소들은 최대한 보존하고 설계에 적극 활용해야 한다. 인공적 요소의 경우 부지 내에 있는 건축물이나 설치물의 크기, 형상, 높이 등과 기존 대지에 있는 도로의 위치 혹은 대지에 보행자와 교통 차량의 형태에 대한 검토를 진행해야 한다. 인공적 요소들은 새로운 개발로 없어져도 되는 것과 존치해야 할 요소로 구분하여 표현해야 한다.

지형의 표시

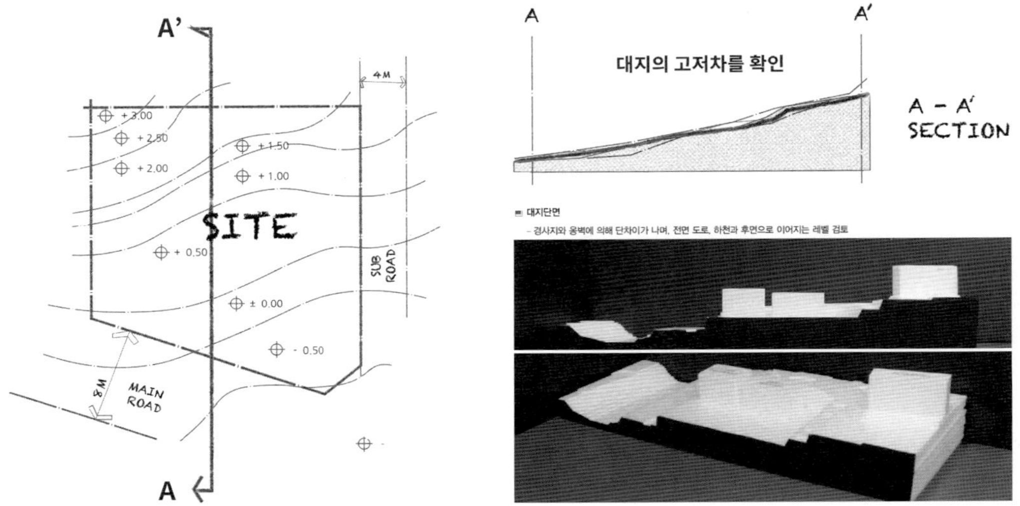

그림 1.10 지형도 표시 예시

대지의 지형은 대부분 수치지도에 등고선으로 표현되어 있다. 경사를 제대로 이해하기 위해서는 대지의 단면을 그려서 고저차를 확인해야 한다.(그림 중 대지단면: 마포구 중앙도서관 및 청소년교육센터 건립공사 설계용역, ⓒ 행림종합건축사사무소)

부지의 자연적 현황에서 지형분석은 설계대지 및 인접대지와 도로 고저차 등을 확인하는 작업으로 대지의 기준면을 ±0로 정해놓고 그 기준보다 높은 곳은 +, 낮은 곳은 −로 표시하여 구분하도록 한다. 따라서 분석된 지역의 경사면을 가지고 건물의 위치 · 도로 · 주차장 · 놀이공간 등으로 사용하는 데 있어 적합한 부지인지에 대한 여부를 판단하는 데 쓰이며 계획 가능성도 알 수 있다. 예를 들어 대지가 급경사인 경우 건물을 세우기 위해서는 경사도를 완만하게 할 필요가 있으나 이러한 경우 시공비가 높은 토목공사가 필요한 정비용 부지로 향후 개발의 가능성을 좌우하는 중요한 요소로 작용할 수 있다. 하지만 경사가 너무 급하지 않으면 대지의 자연스러운 고저차를 이용하여 설계하는 것이 바람직하다고 할 수 있다.

사회 · 인문분석

사회 · 인문분석을 통한 설계는 부지의 물리적 현황 이외에 건물의 성격과 공간 프로그램을 결정하고, 사회적 접촉의 연계를 고려함에 있어 중요한 역할을 한다.

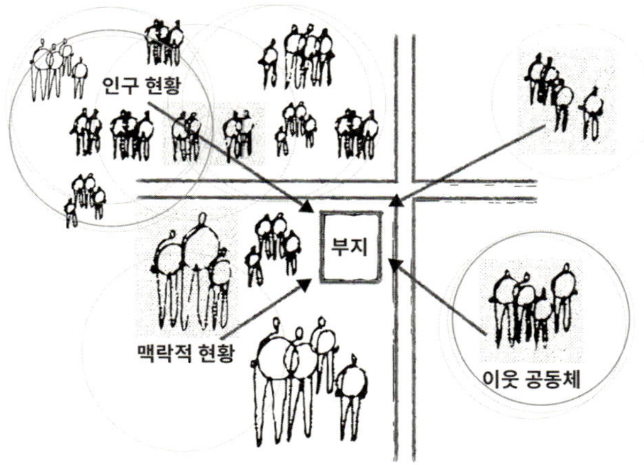

그림 1.11 대상 부지와 관련된 인문 · 사회 현황 분석

부지의 맥락적 차원에서 사회 · 인문 현황을 조사하고, 정리하는 내용으로 주변 인구현황과 이웃과의 관계 등을 정리하여 바람직한 건물의 유형이나 배치형태, 출입구의 위치 등을 정하는 데 도움이 된다.

인문 · 사회 조사는 인구, 문화, 사회 현황을 조사하여 건축설계 여건을 객관적으로 분석하는 데 의미를 두어야 한다. 조사범위는 건축개발의 규모와 특성에 따라 그 범위를 정해야 데이터화하는 데 의미가 있다. 특정 소수를 위한 건축설계는 범위가 부지 주변에만 한정될 수 있는 한편, 불특정 다수나 상업, 레저, 문화 등 용도에 따라 범위 설정이 넓어질 수도 있다. 현재 공공기관 등 여러 매체를 통해 방대한 데이터가 존재한다. 이러한 데이터를 그대로 이용하는 것도 의미가 있지만 이러한 데이터를 조합하여 더 나은 통계나 그래프, 그림 등으로 분석하는 것이 좋다. 기존 인문 · 사회 데이터는 수치적으로 수집되어 양적 분석에 그칠 수 있는 위험이 있다. 그러므로 이러한 데이터를 공간적으로 해석 및 표현하는 것이 설계에 도움이 될 것이다.

상위계획 및 관련법 분석

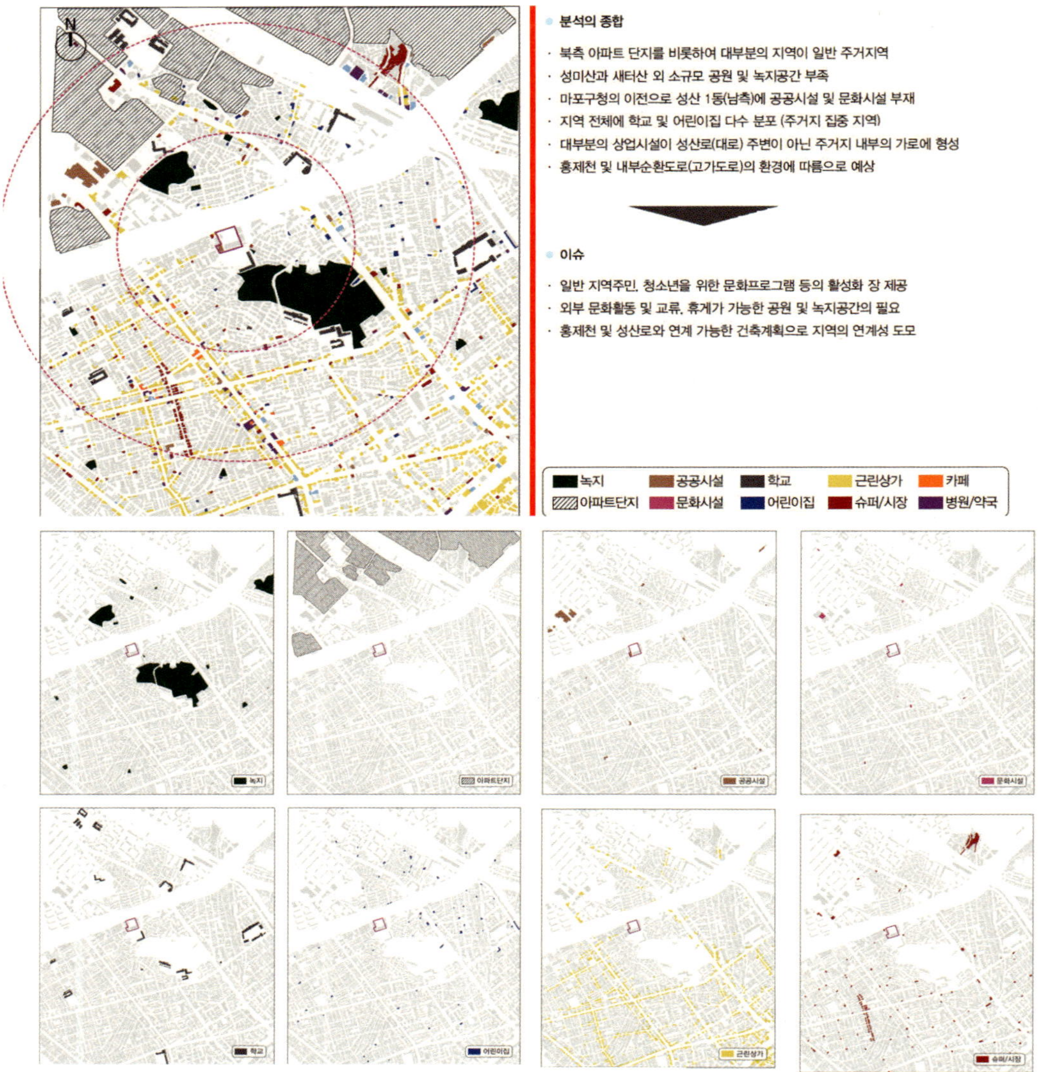

그림 1.12 주변 토지이용 및 지구단위계획 검토

대상지는 지역의 법정 토지이용계획도와 지구단위계획을 검토해야 한다. 부지가 포함된 지역의 도시개발 방향과 제한을 잘 검토하면 건물계획에 도움이 된다.

상위계획 및 관련법에 대한 현황 조사는 건축물의 높이나 형태, 규모 등을 결정하는 매우 중요한 사항으로 이를 확인하지 않거나 잘못 해석할 경우 건축가는 물론 건축주에게 재산상 큰 손실을 입히게 되므로 사전에 대지 및 건축물과 관련된 상위법을 검토하는 것이 중요하다.

상위법 및 관련법 검토(사례)

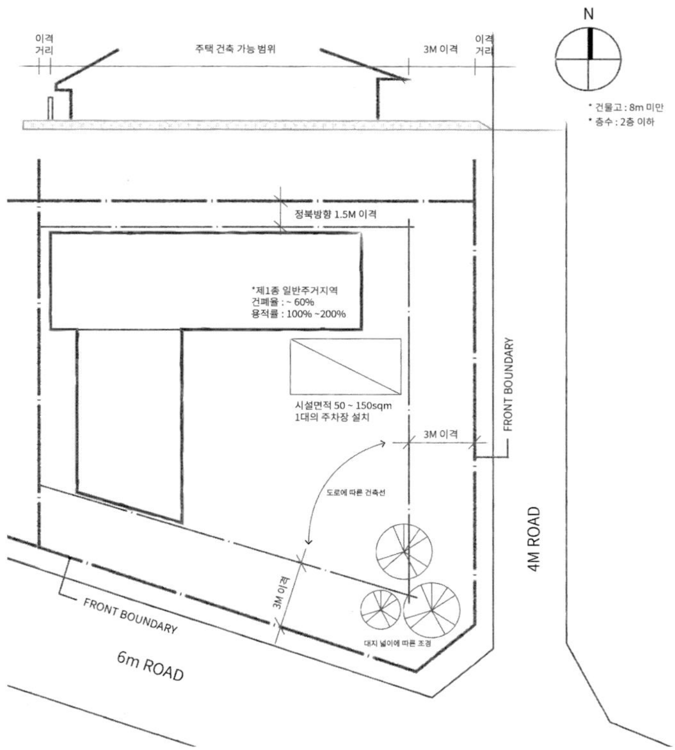

주택 설계 시 법규 검토 사항

건폐율과 용적률(도시지역 기준)_「국토의 계획 및 이용에 관한 법률」 제36조

건폐율	제1종 전용주거지역 : 50% 이하 제2종 전용주거지역 : 50% 이하 제1종 일반주거지역 : 60% 이하 제2종 일반주거지역 : 60% 이하 제3종 일반주거지역 : 50% 이하 준주거지역 : 70% 이하
용적률	제1종 전용주거지역 : 50% ~ 100% 제2종 전용주거지역 : 100% ~ 200% 제1종 일반주거지역 : 100% ~ 200% 제2종 일반주거지역 : 150% ~ 250% 제3종 일반주거지역 : 200% ~ 300% 준주거지역 : 200% ~ 500%

일조권 확보를 위한 높이 제한_「건축법」 제61조제1항 및 「건축법 시행령」 제86조제1항

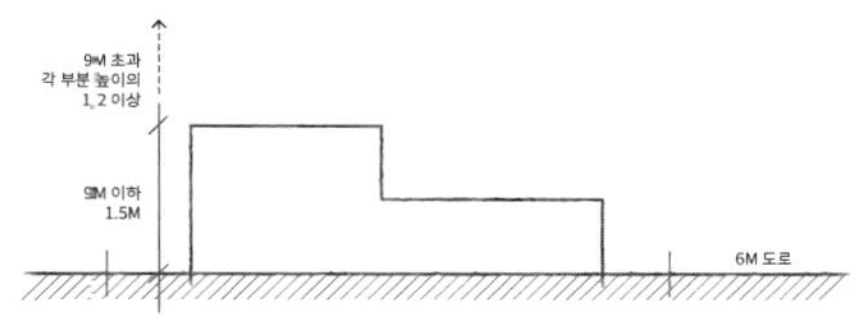

건축선 등의 규제_「건축법」 제44조제1항 및 「건축법 시행령」 제28조제1항

도로의 교차각	해당 도로의 너비		교차되는 도로의 너비
	6 이상 8 미만(m)	4 이상 6 미만(m)	
90도 미만	4	3	6 이상 8 미만(m)
	3	2	4 이상 6 미만(m)
90도 이상 120도 미만	3	2	6 이상 8 미만(m)
	2	2	4 이상 6 미만(m)

대지의 조경_「건축법」 제42조제1항 본문

대지 면적이 200제곱미터 이상인 경우 : 전체 면적의 5%를 조경 면적에 포함하여야 함
옥상에 조경이나 그 밖에 필요한 조치를 하는 경우에는 옥상부분 조경면적의 3분의 2에 해당하는 면적을 산정함

주차장의 설치_「주차장법」 제19조제1항

시설물	설치기준
단독주택	시설면적 50㎡ 초과 150㎡ 이하: 1대 시설면적 150㎡ 초과: 1대에 150㎡를 초과하는 100㎡당 1대를 더한 대수 [1+ {(시설면적-150㎡)/100㎡}]
다가구주택	'「주택건설기준 등에 관한 규정」 제27조제1항'에 따라 산정된 주차대수 이 경우 다가구주택의 전용면적은 공동주택의 전용면적 산정방법을 따름

그림 1.13 대지에 적용해야 할 상위법 및 관련법 검토

단독주택에서는 각 건물 간 이격거리와 일조 등을 사전에 검토해야 하며, 대지의 건축선, 건물의 높이, 일조권, 지구단위계획 등 주요 상위법령도 미리 검토하여 실수가 없도록 해야 한다.

교통 네트워크 분석

그림 1.14 대지와 관련된 교통 네트워크 분석 사례

계획 부지에 대한 보행 · 자동차 · 대중교통이용을 위한 최적의 노선을 제공하기 위해 계획 이전에 분석하여 계획에 반영되도록 해야 한다.
(Peterborough City Council, © Peterborough Residential Design Guide, 2002, p.2/18)

교통 네트워크 분석은 부지를 이용하는 사용자에게 보행 또는 자동차의 동선에 적합한 노선을 제공하기 위해 필요하며, 이러한 내용은 각각의 동선체계도로 표현 가능하다. 따라서 보행자, 자전거, 차량, 대중교통 등에 대한 동선을 도상에 명확히 표시하여 나타내고 부지로 들어가는 진입로의 교통패턴 관련성은 어떠한지, 그리고 대지 주변에 충분한 도로가 있는지, 그 부지가 주변에 공공교통시설과 같은 편의가 마련되어 있는지를 확인하여 장래의 부지개발에 따른 장 · 단점을 확인할 수 있도록 해야 한다. 또한 기존 통행로 외에 새로 대지를 접근하고 통행이 가능한 동선을 파악해야 한다.

교통 네트워크 분석 사례

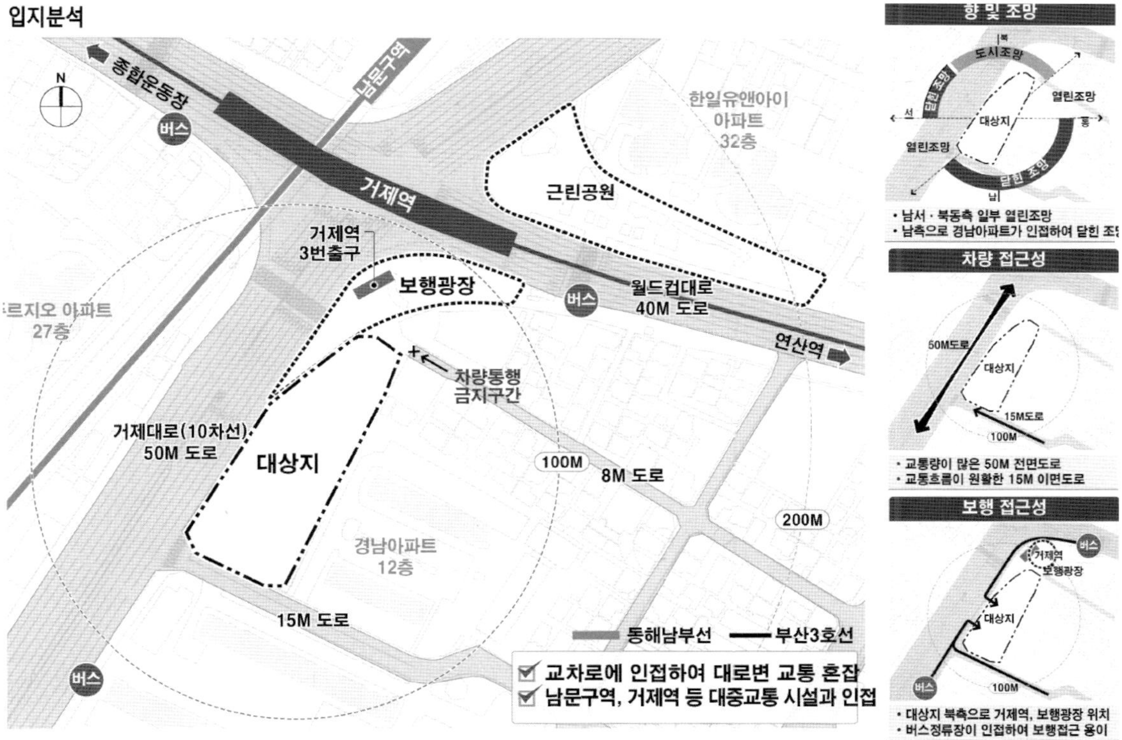

그림 1.15 대상지 주변 교통동선분석 사례

위 사례는 계획 부지에 대해 현상공모 단계에서 사전에 지구단위계획 검토를 통해 대상부지와 주변 지역의 보행 · 자동차 · 대중교통을 효과적으로 이용할 수 있도록 계획에 적용하기 위해 분석한 사례이다. 따라서 대상지역의 교통 네트워크 및 동선을 조사하고 이를 도상에 표시하였다.(부산통합청사 신축공사 설계공모/ ⓒ 행림건축사사무소+DA+상지)

교통 네트워크 및 주변 지역에 대한 조사를 통해 향후 공동주택 배치계획에 대한 고려사항에서 거주민에게 필요한 최적의 동선을 찾아 계획에 반영한 사례이다.

주변 어메니티(Amenity) 및 동선 분석

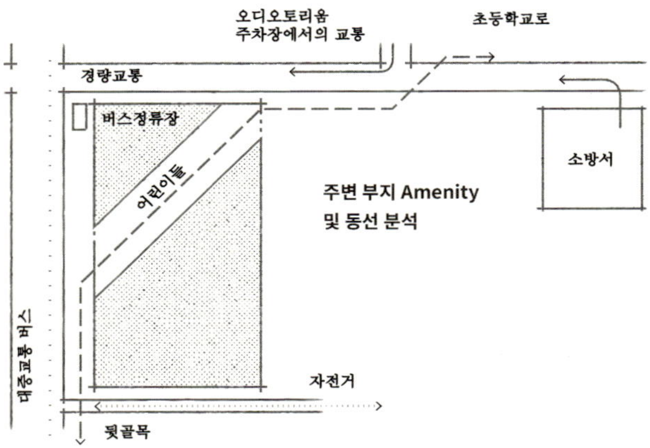

그림 1.16 어메니티(Amenity) 관련 동선도 분석

부지와 관련된 동선체계를 다양한 이동 수단과 기존 시설과의 연계성을 충분히 고려할 수 있도록 대지분석 단계에서 조사해야 한다.

그림 1.17 Amenity 현황분석 사례

(마포중앙도서관 및 청소년교육센터 건립공사 설계용역, ⓒ 행림종합건축사사무소)

사회 · 인문적 분석 중 대지 주변에 어떠한 공공 및 편의시설이 있는지 파악해야 한다. 주변 어메니티(Amenity) 및 동선 분석이라 함은 다양한 주변 어메니티를 이용하기 위한 사람들의 동선체계를 이동수단별로 파악하여 시설들과의 명확한 연결이 가능하도록 하는 데 있다. 대지 주변의 도로뿐만 아니라 대지 내 동선 가능한 루트(route)도 파악하여 배치계획에 반영할 수 있어야 한다. 이러한 분석에서는 주변 편의시설(시장, 병원), 공공시설(도서관, 동사무소, 학교), 교통시설(지하철역, 버스정거장 등)의 위치에 따른 사람들의 행동패턴을 파악해야 한다. 최근에는 이러한 근린시설 배치 및 동선계획이 가로 이용자와 주변 건축물에 대한 범죄예방과 같은 안전과 관련될 수 있어 더욱 중요한 요소로 작용된다.

주변의 다양한 활동에 의한 문제점 도출, 소음

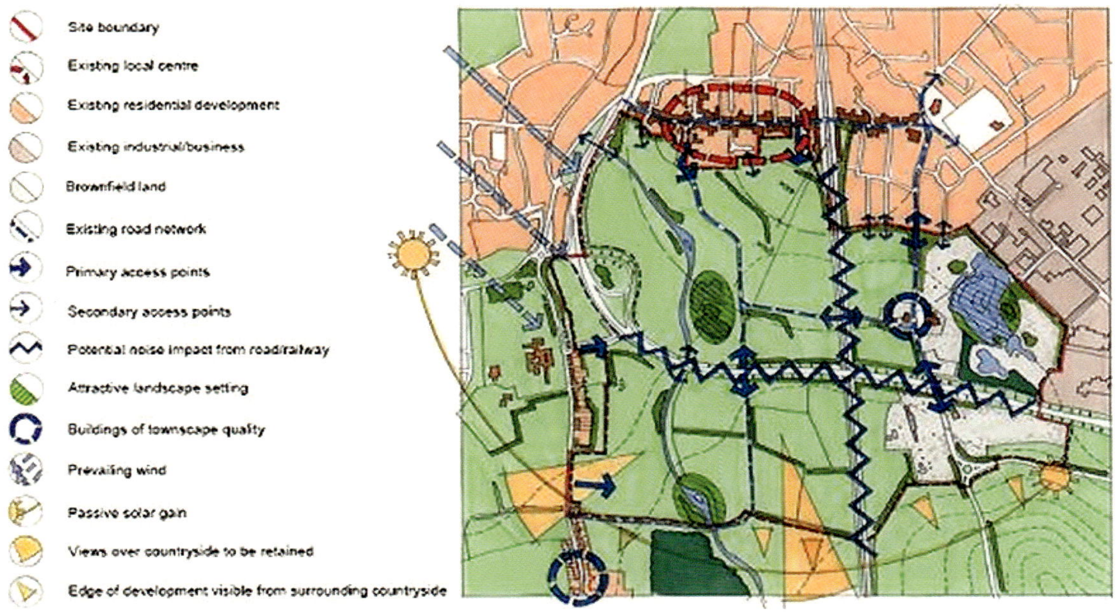

그림 1.18 인공구조물과 소음

대상지 주변의 인공환경 및 다양한 활동에 의한 소음 및 환경문제 등을 분석하여 도상에 기호화하여 표시함(Peterborough City Council, © Peterborough Residential Design Guide, 2002, p.2/17)

대지 및 주변현황에 대한 분석에서 빠지면 안 되는 것이 대상지 주변의 다양한 활동 및 인공환경에 의한 나쁜 요소들의 파악이다. 특히, 교통흐름에 따른 소음 발생을 미리 조사하여 계획 시 이용자의 쾌적성을 확보하기 위해 적극 반영해야 한다. 따라서 이러한 소음은 부지 주변에 많은 인파가 몰리는 가로에 위치하거나 차량 통행이 잦은 도로 주변을 중심으로 발생하므로 관찰자는 이러한 내용을 도상에 간략하게 표시하여 참고할 수 있도록 한다.

경관분석

시각적(Visual Composition) 인지를 통한 경관분석 사례

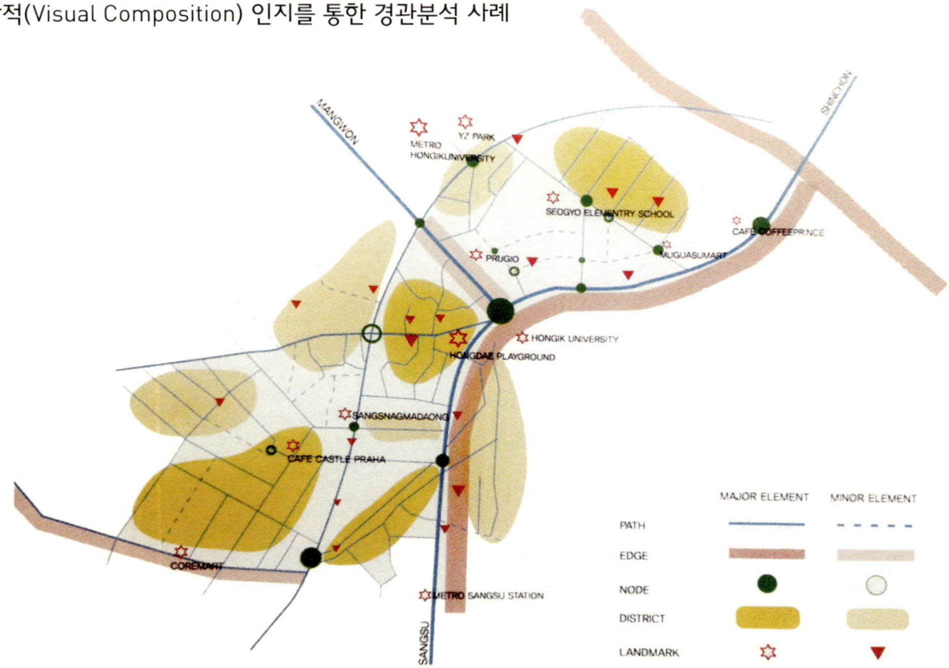

그림 1.19 케빈 린치(Kevin Lynch)의 도시 요소를 이용한 분석 예시

홍익대학교 주변을 케빈 린치(Kevin Lynch)의 도시의 인지적 경관의 5가지 요소를 가지고 계획사이트를 분석한 사례(© 김원정)

위 그림은 홍대입구 주변의 대표 가로인 홍익로 주변의 사이트를 기점으로 하여 좌우로 경인선과 6호선이 지나가는 독막로까지 지역을 구역으로 설정하고, 케빈 린치(Kevin Lynch)의 이미지어빌리티(Imageability)의 5가지 요소를 활용하여 이미지 맵을 작성한 예시이다. 해당 사이트에 다양한 인지적 측면에서의 요소들을 분석하여 도상에 나타내고 있음을 확인할 수 있다.

경관 분석 방법

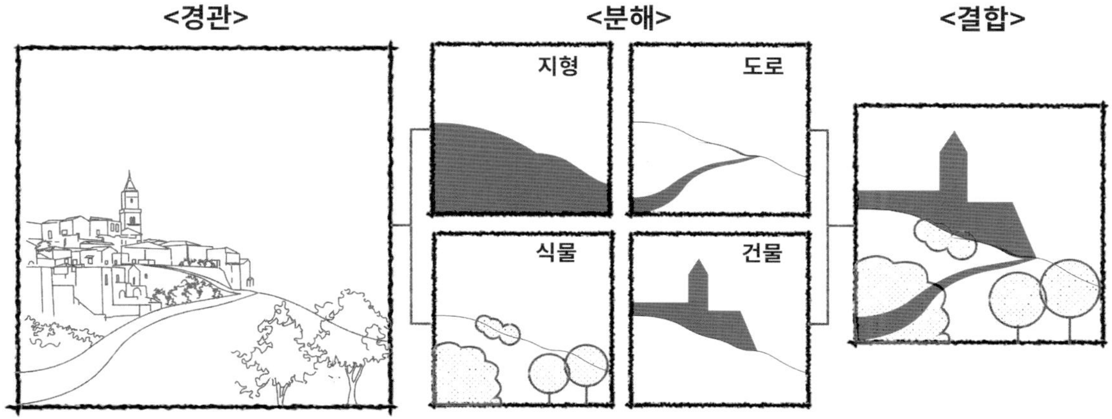

그림 1.20 게슈탈트(Gestalt)에 의한 경관분석

경관 분석은 주변하천이나 구릉지 경관을 의미하는 원경과 도시 컨텍스트 분석을 통해 매스의 형태나 크기, 높이 등을 나타내는 중경, 가로의 컨텍스트(Context)인 입면, 색채, 재료 등을 인지하고 표시하는 근경분석으로 구분하여 정리할 수 있다. 따라서 사물은 사물 자체로서 보다는 부분의 속성을 전체와의 연관성 속에서, 즉 구조적으로 파악하는 것이 증요하며 지형, 식물, 건물, 도로 등의 경관구성요소들은 형태심리학적 관점에서 구조적으로 분해 · 결합해 봄으로써 다양한 경관요소들을 보다 쉽고 간편하게 이해할 수 있다.

부지계획에 있어 경관이라 함은 정적 요소로 각 실에서부터 고정되어 인지되는 경관으로 대상지를 주변을 둘러싸는 자연적 · 물리적 환경 모두가 그 대상이 된다. 다라서 부지계획 주변의 정적 경관을 원경, 중경, 근경으로 구분할 수 있다. 원경은 부지 주변의 산 · 강 등의 자연환경이나 대형 인공구조물 및 건물이 될 수도 있으며, 중경의 경우 부지 근방의 가로수, 옹벽, 경사면, 교량, 아파트단지 등이 대상이고, 마지막 근경의 경우는 부지와 가까운 수목 · 대문 · 담장 · 정원 · 이웃집의 지붕 등으로 설명할 수 있다. 이러한 동적인 경관은 주택 내부에서 외부로 또는 외부에서 내부로의 이동에 따라 다르게 보이는 것으로 초기 분석단계에서 잘 고려되어야 할 사항이다.

경관 분석 사례

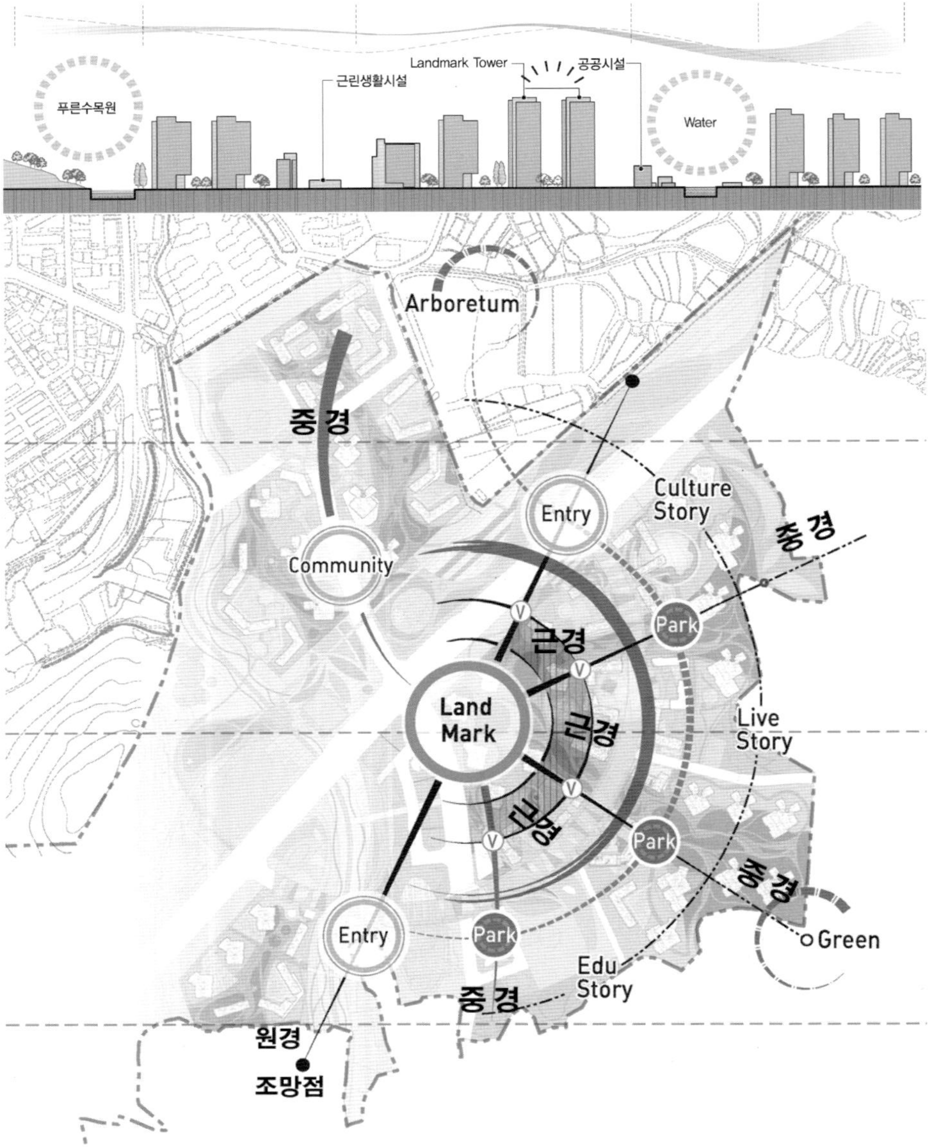

그림 1.21 공동주택 단지의 경관분석 사례

공동주택 경관분석을 통한 계획 적용 사례로 랜드마크를 조망의 중심 원경으로 산록지형 부분을 중경, 생활 가로주변은 근경으로 분석하여 가로별 경관에 대한 테마를 적용하여 맞닿은 주동별 배치에 적용했다.(항동보금자리 공동주택 현상 공모작, ⓒ 에이텍종합건축사사무소)

대지 평면분석

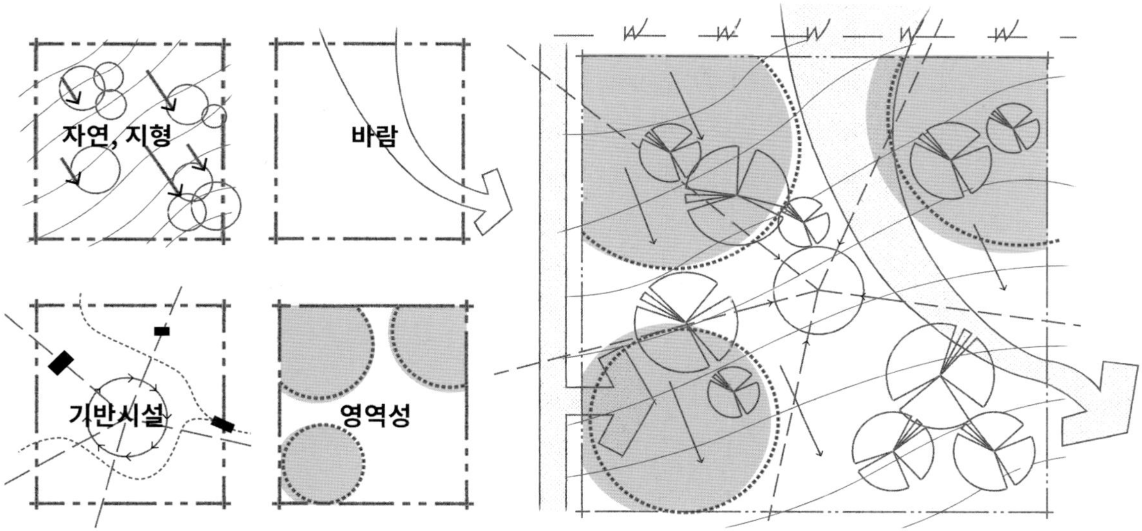

그림 1.22 대지 평면분석 방법

대상지의 정보를 간략히 기록하는 다이어그램(Diagram)화 또는 기호화하여 분석하는 연습을 하도록 한다.

평면분석이라 함은 대상 부지에 대한 여러 정보를 다이어그램 또는 기호화하여 많은 정보를 보다 쉽게 확인할 수 있는 방법이다. 따라서 각각의 정보를 통일된 형태의 간략한 다이어그램(Diagram)화하여 이를 상세한 내용과 함께 정리하고 향후 종합적으로 표시할 수 있어야 한다.

단면 분석

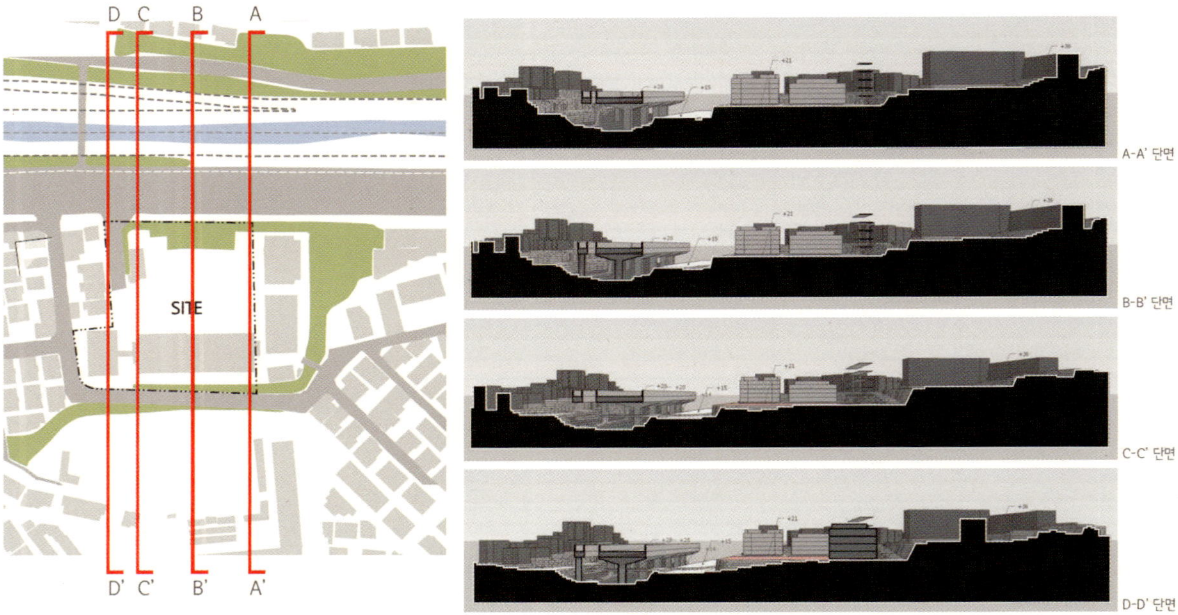

그림 1.23 단면 다이어그램

평면상의 등고선으로만 표현된 지형으로는 확인할 수 없는 대지형상을 지각하고, 이를 계획 시 적용하기 위해 단면분석이 필요하다.(마포중앙도서관 및 청소년교육센터 건립공사 설계용역, ⓒ 행림종합건축사사무소)

단면 분석의 경우 알고자 하는 대지의 경사도나 지형을 보다 세밀히 조사하여 표현하고자 할 때 사용한다. 이는 평면 지형도만으로는 대상 부지의 대지 형상에 대한 상황을 입체적으로 지각하기 어렵기 때문이다. 따라서 단면 분석(종횡단면)을 통해 대지를 지각하고, 이를 다이어그램으로 표현하여 보다 쉽게 이해할 수 있다.

종합 분석도 작성

그림 1.24 다양한 항목이 표시된 종합분석도

다양한 분석을 통해 표시된 항목을 종합하여 복합적으로 표현하고, 이를 토대로 설계를 진행할 수 있도록 한다.

부지에 대한 종합적인 분석은 개별적으로 표현된 각각의 대지에 대한 다이어그램을 복합화하고 통합하여 누구나 쉽게 이해하도록 작성하여 향후 설계에 대한 계획을 진행하고자 할 때 필요한 정보들이 표현되고 기록되어 있어야 한다.

SWOT 분석 및 설계목표 도출

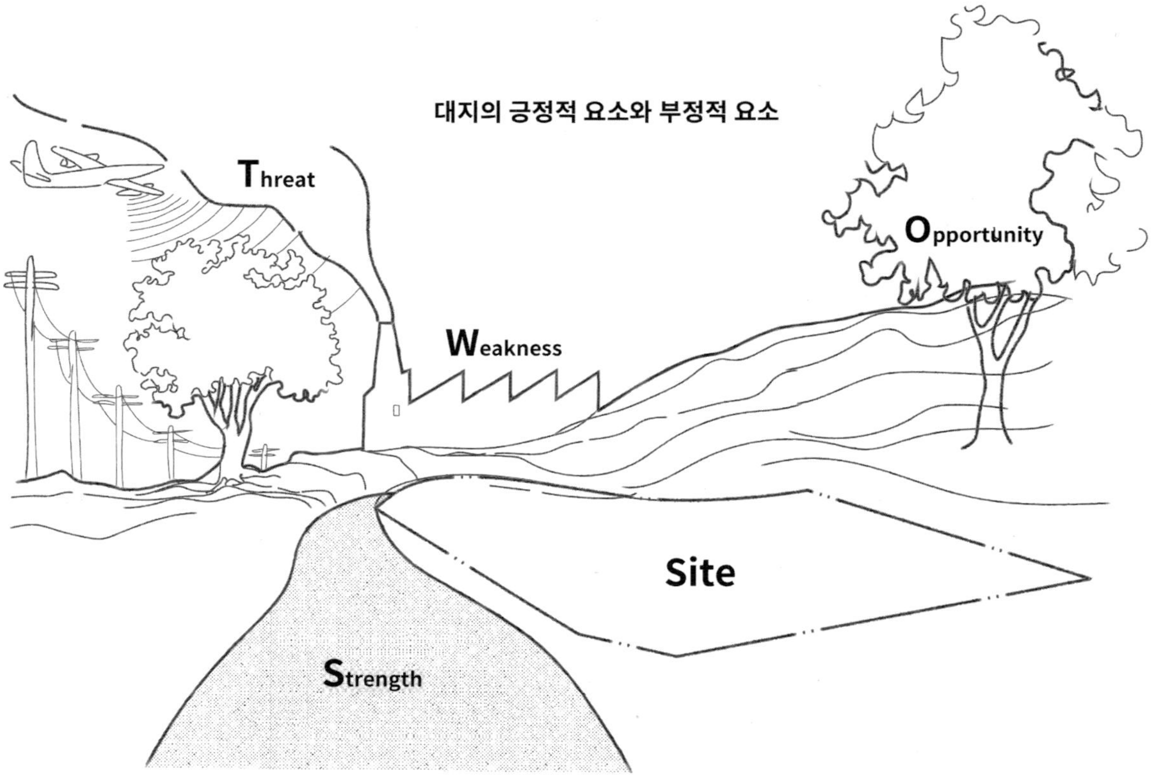

그림 1.25 부지에 대한 SWOT 분석 개념

SWOT 분석은 S = Strength(강점)와 W = Weakness(약점), O = Opportunity(기회적 요소), T = Threat(위협적 요소)로 구분하여 표현하면 된다.

SWOT분석의 예 및 해석

Strength (강점)	Weakness (약점)
South Facing Slope Close to Bus Stop (강점은 대지와 대지 주변 요소들이 직접적으로 설계에 반영될 수 있어서 계획에 좋은 영향을 주는 것을 말한다)	Large Building on South side of site giving shadow in the winter (약점은 현재 존재하는 요소로 대지 환경을 저해하는 요소를 말한다)
Opportunity (기회적 요소)	**Threat (위협적 요소)**
Retail Park Development in the future (기회적 요소는 대지 외부요인으로 미래에 개발에 좋은 영향을 줄 수 있어서 반영해야 할 것을 말한다)	Heavy traffic may threaten access to site due to Retail Park Development in the future (위협적 요소는 미래에 발생할 문제점으로 대지의 환경 또는 개발을 저해할 수 있는 요소로 대비해야 할 요소를 말한다)

건축계획에 있어 SWOT 분석은 사이트와 관련된 주변의 환경을 조금 더 객관적으로 분석할 수 있는 방법으로 대지분석에서 나온 요소들을 4가지 특성으로 분류한다. 이를 토대로 외부 환경을 객관적으로 파악할 수 있는 장점이 있다. 강점은 존재하는 대지와 대지 주변의 특성으로 개발에 좋은 영향을 줄 수 있다. 약점은 개발에서 극복해야 할 요소이다. 기회적 요소는 외부에 존재하거나 미래에 발생할 요소로서 그 파급효과를 받아들일 수 있도록 계획해야 하며, 위협적 요소는 미래에 생겨날 행위나 외부개발로 대지에 악영향을 줄 수 있으므로 대비해야 할 요소를 말한다. 물리적 요소뿐만 아니라 비물리적(예, 제도적) 요소도 포함된다.

chapter 2

프로그래밍

Programming

pro·gram

= pro + graphein

(before) (to write)

1. 공고문
2. 1) 공공 행사 등에 참가하는 사람 또는 제출되어야 하는 품목 등의 개요를 간략히 요약한 것.
   2) 라디오나 텔레비전에서 방송되는 프로그램
3. 어떠한 목적을 향해 취하는 행동 계획 또는 시스템
4. 커리큘럼(curriculm)
5. 안내서, 계획서, 총괄, 적요, 목록
6. 1) (컴퓨터 관련) 기계장치 프로그래밍을 위한 계획서
   2) (컴퓨터 관련) 기계장치에 삽입할 수 있는 코드화된 지침들의 목록
   3) (생물학) 생물 유기체 부분들의 연속
   4) (행동학) 행동 레퍼토리의 연속

그림 2.1 프로그램(Program)의 사전적 정의

건축과 프로그램(Architecture and Program)

프로그램은 따라 해야 할 제한임과 동시에 새로운 건축을 위한 기회이다.

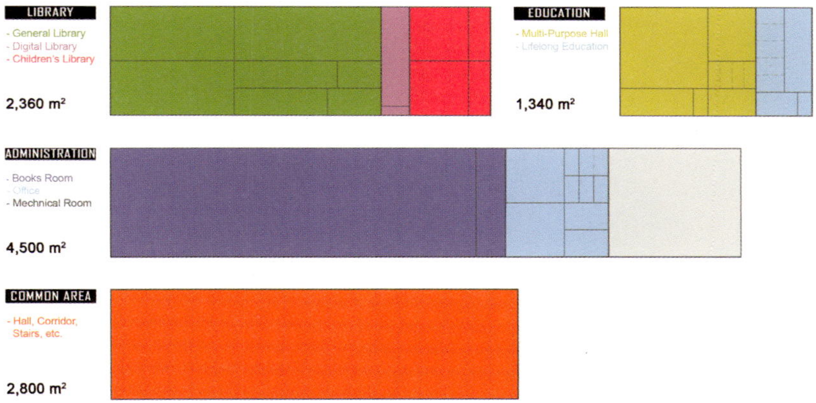

그림 2.2 스페이스 프로그램

건축디자인의 시작은 클라이언트에 의해 주어진 프로그램에 대한 이해와 분석으로부터 시작된다. 주어진 프로그램들은 상호 간의 기능과 연계성에 의해 재구성되면서 계획될 건축물의 볼륨을 가늠할 수 있다.(충청남도 도립도서관, ⓒ 박열 도시건축디자인연구소, 2014)

프로그램

건축에서 '프로그램(Program)'은 건축가가 설계하는 데 있어 사용할 수 있는 총체적 정보로서 일반적으로 주어진 기능, 필요한 공간, 건축주 및 사용자의 요구와 주변 환경, 그 외 적절한 외적 요인들을 선택하고 체계화하여 물리적 표현으로 전달될 수 있는 기초를 마련해 주는 것이다. 이는 건축 프로그램이 단순히 기능에 관한 것이 아니며 인간 생활과 사회적 통념까지 밀접한 관계를 가지고 있는 정보들의 집합체임을 의미한다. 그리고 건축가는 이것을 어떻게 해석하고 설계에 적용함으로써 디자인 프로세스를 만들어내는 것이다.

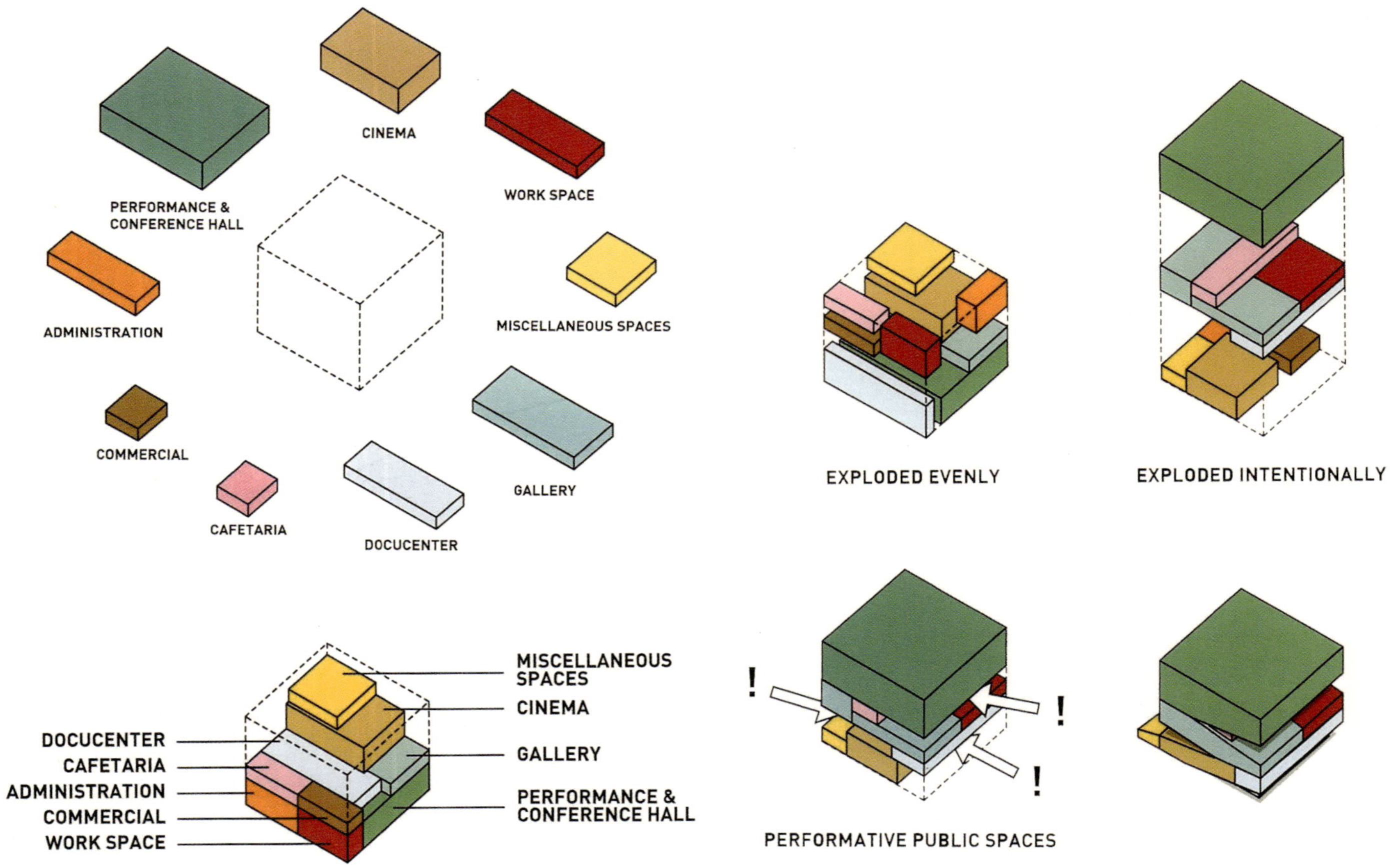

그림 2.3 건축적 프로그래밍 프로세스

건축은 여러 프로그램들의 결합으로 이루어진 복합체이다. 주어진 모든 프로그램들의 입체적 배열을 통해 우리는 건축물의 볼륨을 인식할 수 있으며, 이들 상호 간의 연계성을 바탕으로 프로그램들의 위치가 재구성된다. 이러한 과정에서 프로그램들은 절충 또는 변형을 통하여 새로운 건축공간과 형태를 구축한다.(Beirut House of Arts and Culture, © JDS Architects)

그림 2.4 프로그램 결합과 건축적 모델

현대건축의 특성을 살펴보면 복합화라는 개념이 있다. 기존 건축물의 유형을 따르기 보다는 이질적 프로그램들의 통합화 과정에서 새로운 건축 유형이 도출된다. 이를 위해 건축가는 주어진 프로그램들의 새로운 결합방식을 고민하게 된다.(Gallery House, ⓒ 박열 도시건축 디자인연구소, 2013)

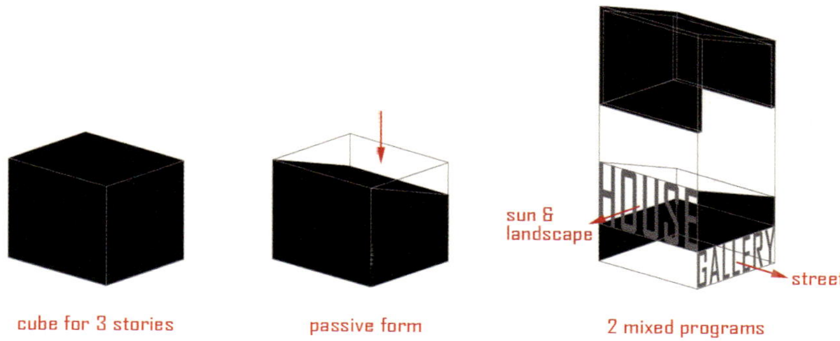

프로그램 의미적 변화

프로그램에 대한 정의는 시대에 따라 그 의미를 달리하고 있다. 이는 프로그램에 대한 해석이 시대적 상황의 변화를 담고 있음을 의미한다. 프로그램(Program)의 어원적 의미를 살펴보면 '미리 적어놓은 것' 으로서, 이는 '따라야 할 순서를 정해 놓은 개요' 또는 '어떤 목적을 향한 행위가 취해야 할 계획 또는 체계'[1] 를 말한다. 그리고 '프로그램' 이란 용어는 건축부분에 있어 1779년 로마 대상(Prix de Rome) 현상설계를 위한 학술연구에서 처음 사용되었으며, 그 의미는 필요한 기능들의 단순한 목록을 일컬은 것이었다. 이후 시대가 흐름에 따라 사회 · 문화적 가치관의 변화와 함께 사람들의 생활방식도 달라지면서 의미적 변화가 생겨났다.

19세기 산업혁명 이후 나타난 은행, 철도, 호텔과 같은 새로운 유형의 건축은 시설의 구성내용에 있어 재정에 대한 요구가 대두되면서 건축에 있어 '프로그램' 은 설계에 있어 이전보다는 주요한 위치를 차지하게 되었다. 20세기 초 설리번(L. Sullivan)의 "형태는 기능을 따른다(Form follows Function)"라는 합리주의의 근대건축 형태, 생성원리를 기능에서 찾으려고 하면서 '프로그램(Program)' 은 '기능(Function)' 으로 대치되었다.

1) 봉일범, 프로그램-다이어그램, Spacetime, 2005, p.39

Sec. of Street Program

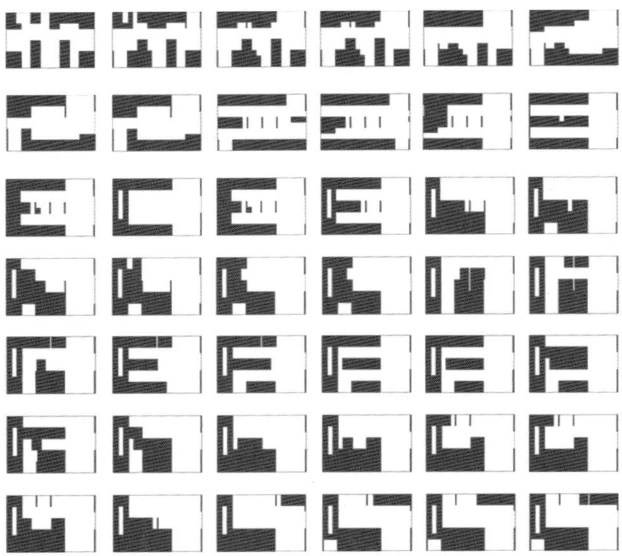

Puzzle Layer in the city

그림 2.5 프로그램 재해석

계획대상지의 프로그램은 주변을 구성하는 프로그램들과 상관성을 가져야 한다. 대상지 주변의 프로그램에 대한 분석은 다양한 방법으로 이루어질 수 있으며, 이를 통해 계획안의 적정한 프로그램은 도출된다. 주변과 유기적으로 구성된 프로그램들은 상호 간의 기능적 연관성과 공간계획에 따라 재조정되면서 건축적으로 구성된다.(Urban Sponge, © 정길영, 2008)

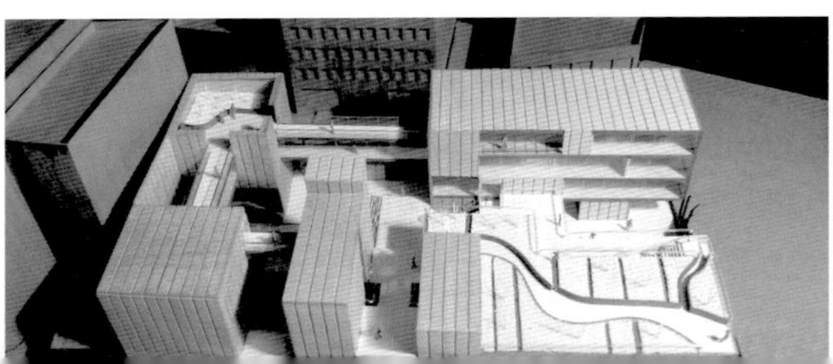

Final Production

이후 20세기 후반에 이르러 모더니즘건축의 획일성이 비판을 받으면서 '프로그램(Program)' 은 근대건축에서와 같이 단순히 세부 기능들의 목록이 아닌 시대적 패러다임과 건축을 공간적이고 건축적인 관계로 구체화하는 방식들로 확장되면서 다양한 시도가 나타났다. 여기에는 피터 아이젠만(P. Eisenman), 베르나르 츄미(B. Tschumi), 렘 쿨하스(R. Koolhaas)를 중심으로 한 해체주의 건축이 중심이 되었으며, 이들은 건축설계의 진행에 있어 초기에 제시 또는 설정된 프로그램은 필요에 의해 바뀌거나 반전될 수 있으며, 더 나아가서는 프로그램들 간의 상호 관계성에 따라 새로운 프로그램이 만들어질 수 있는 가능성이 있다고 생각하였다.

이와 같이 시대에 따라 사회적 요구는 끊임없이 변하고 있으며, 이러한 변화를 건축에 담기 위해서는 프로그램에 대한 정의 또한 사회의 변화를 수용하면서 그 시대에 맞도록 재해석되면서 오늘날에 이르고 있다. 따라서 건축가에게 프로그램은 설계를 시작함에 있어 주어진 제한임과 동시에 새로운 건축을 만들어낼 기회라 할 수 있으며, 이는 현대건축가들이 건축설계 프로세스 구축을 위해 프로그램 해석을 중요하게 여기는 이유이다.

프로그램과 다이어그램(Program and Diagram)

오늘날 전 세계를 실시간으로 연결하고 있는 인터넷과 디지털 네트워크는 기존의 거리(distance) 개념을 바꾸어 놓았다. 이러한 변화는 21세기 들어와 더욱 가속화되면서 공간과 장소에 대한 인식의 변화는 불가피해졌다.

근대건축에서 건축프로그램은 단순히 시설을 채우는 기능의 목록으로서 이미 확정된 유형별 건축 형태와 공간을 기능적으로만 구성하는 개체였다. 그러나 단일 프로그램으로만 구성된 건축은 그 자체로서는 합리적인 것이라 하겠으나 현대의 시설들 간 경계의 파괴와 다변화로 인해 발생하는 새로운 문제들을 극복하는 데는 한계가 있었다. 현대사회의 다양성은 건축시설에 있어 복합화를 추구하게 되면서 이질적 건축 프로그램들 간의 결합을 야기하게 되었다. 이에 따라 주어진 건축프로그램은 근대와 같은 확정적인 기능들의 목록이라기보다는 프로그램 상호간의 관계성을 통해 재해석되어야 하는 요인들이다. 따라서 현대건축가는 주어진 건축 프로그램을 충족시키기 위한 최적의 안을 만드는 것을 넘어 프로그램 상호적 관계를 규정하고, 이를 바탕으로 이질적이고 도발적이며, 불확정적인 현대사회의 요소들이 프로그램에 통합되어 담아지는 건축을 추구해야 한다.

건축가는 시대상황을 읽고, 사용자에게 발생하는 움직임을 해석하고, 사람들이 요구하는 물리적 공간(건물)을 건축화하는 주체로서 역할을 담당하며, 기존의 관습적 공간체계를 대신하는 새로운 형식을 도출하기 위한 다양한 시도를 추구한다. 이러한 시도를 건축적으로 형식화하고 체계화시키는 작업이 건축다이어그램이며, 건축가가 어떻게 시대상황을 인지하며, 사용자에게서 일어나는 행태를 어떻게 해석하는지에 따라 다양한 건축다이어그램이 생산되게 되는 것이다.

현대 건축디자인 프로세스를 구성하는 다양한 유형의 다이어그램을 살펴보면 건축작품을 설명하기 위한 도식으로서의 의미보다는 주어진 프로그램들의 재해석 및 재구성을 통한 새로운 공간과 형태 디자인 구축을 위한 도구적 매개체로 사용됨을 알 수 있다.

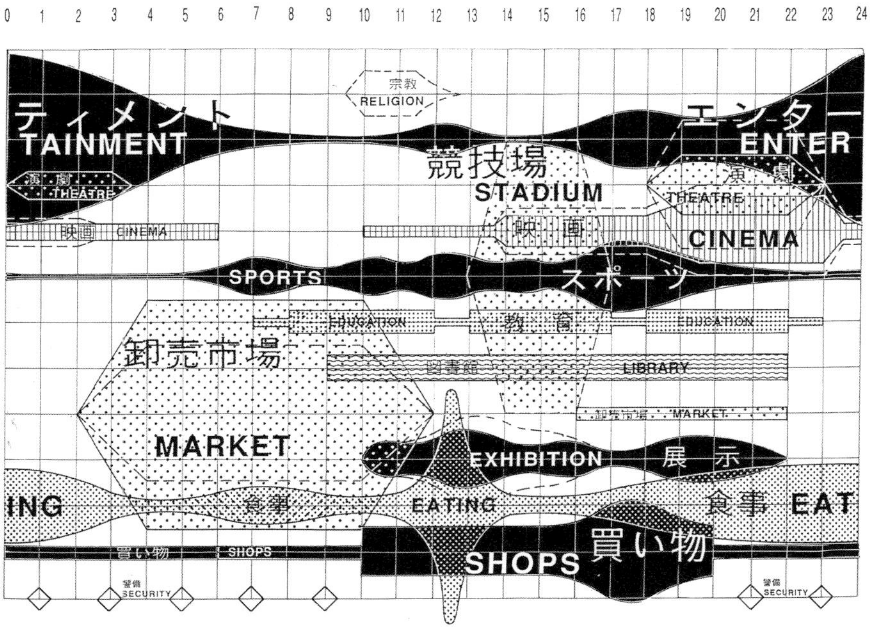

WEEKDAYS ——— 平日
WEEKENDS — — — 休日

ピークの構成
PEAK HOURS

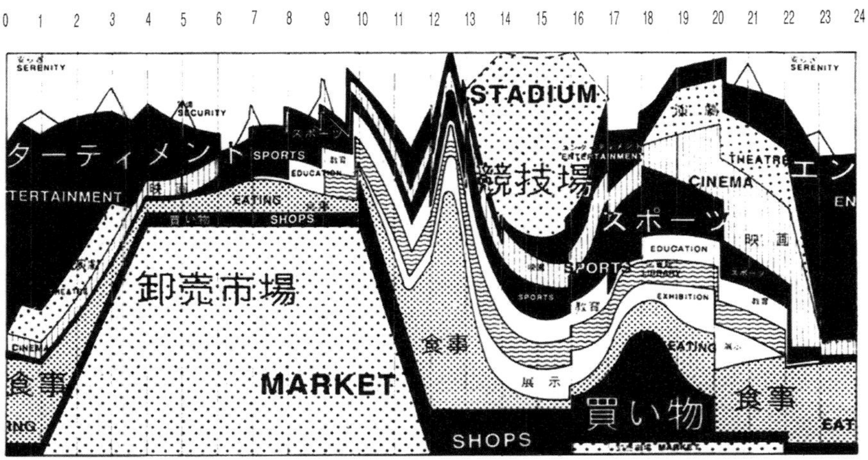

WEEKDAYS ——— 平日
WEEKENDS — — — 休日

プログラムの構成
ASSEMBLAGE OF PROGRAMS

그림 2.6 프로그램 재구성과 변용

프로그램의 재해석은 주어진 프로그램들의 나열이 아닌 상호관계성을 바탕으로 재구성됨으로써 가능하다. Programmatic Lava는 24시간 동안 공간이용 가능성의 최대치를 위한 프로그램 분석 다이어그램으로서 기존 도시를 구성하는 다양한 프로그램들의 시간대별 이용빈도 분석을 통한 계획건축물의 새로운 프로그램이다.(요코하마여객터미널, ⓒ OMA, 1992)

건축다이어그램

건축에서 '프로그램(Program)' 이 공간에 주어진 내용물들이라면 '다이어그램(Diagram)'[2]은 그것들을 담아내는 과정과 그것들의 관계를 시각적으로 설명하기 위한 디자인이다.
현대건축가들은 고대건축에서부터 내려온 건축 유형이라는 것이 현대사회의 요구들을 담아내는 데 있어 한계가 있음을 인식하였으며, 이에 대한 대응으로 건축프로그램에 대한 재해석을 추구하게 되었다. 이러한 과정에서 현대건축가들은 기존에는 복합체로서의 건축을 이해하기 위한 일련의 결과물로서 사용된 다이어그램을 건축프로그램의 재해석 과정을 통한 새로운 건축 유형을 도출하기 위한 도구로서 이용하기 시작하였다.
이러한 측면에서 건축다이어그램은 현대건축에서의 복잡하고 다양한 프로그램을 공간에 담기 위한 과정들을 보여줌과 동시에 프로그램 상호 간의 관계를 논리적으로 분석하고 통합하여 기존의 추상적인 건축디자인 과정을 구체화하고 있다. 이는 유동적인 프로그램이 다이어그램을 통해 건축적으로 구축되는 것을 의미하고, 이러한 과정에서 다이어그램은 멈추어진 정형화된 것이 아니라 시간과 상황에 따라 물질의 변형과 움직임 또는 흐름을 압축적으로 표현하며 변화 또는 진화할 수 있는 매개체 역할[3]을 하고 있음을 알 수 있다.
설계프로세스에서 다이어그램이 건축형태의 구축까지 직접적으로 연결될 수 있는 데에는 현대의 디지털 기술 발전에 그 근간이 있다. 현대 디지털 기술은 건축가의 감성적 단계를 그대로 재현시켜줄 만큼 발달되었고, 이전의 아날로그적 다이어그램에서는 느끼지 못했던 연속적이고 지속가능한 변형을 시각화해주면서 공간에 대한 인지범위 확장을 가져오게 되었다. 이를 통해 건축가들은 현대

2) 다이어그램(Diagram)의 어원적 의미는 '전체를 관통하고 있는 그림' 이고, 사전적 정의로는 '재현(Representation)' 보다는 '설명(Explanation)' 을 위한 시각적 디자인 또는 배열과 관계를 보여주는 그림이다. Allen Hurlburt(1983), 김광현 역, 디자인의 개념, 계명대학교 출판부

3) 이는 UN Studio가 다이어그램을 통한 건축에 대한 견해와 상응한다. "다이어그램을 사용하는 건축은 무엇인가를 전개해 나가는 프로세스이며 궁극적으로는 자유롭게 만드는 프로세스이다. 다이어그램은 건축을 언어, 해석, 그리고 의미로부터 자유롭게 한다."

의 유동적 프로그램을 담을 수 있는 새로운 건축적 형태를 상상하고 생성할 수 있게 되었다. 따라서 현대건축에서 건축가는 주어진 내용물인 프로그램을 정보수집과 분석을 통해 주관적으로 재해석하고 통합하여 건축가의 상상력을 발휘하여 추상적이고 생성적 다이어그램의 시각화 과정을 거쳐 새로운 형태를 생성하는 주관자 역할을 해야 한다.

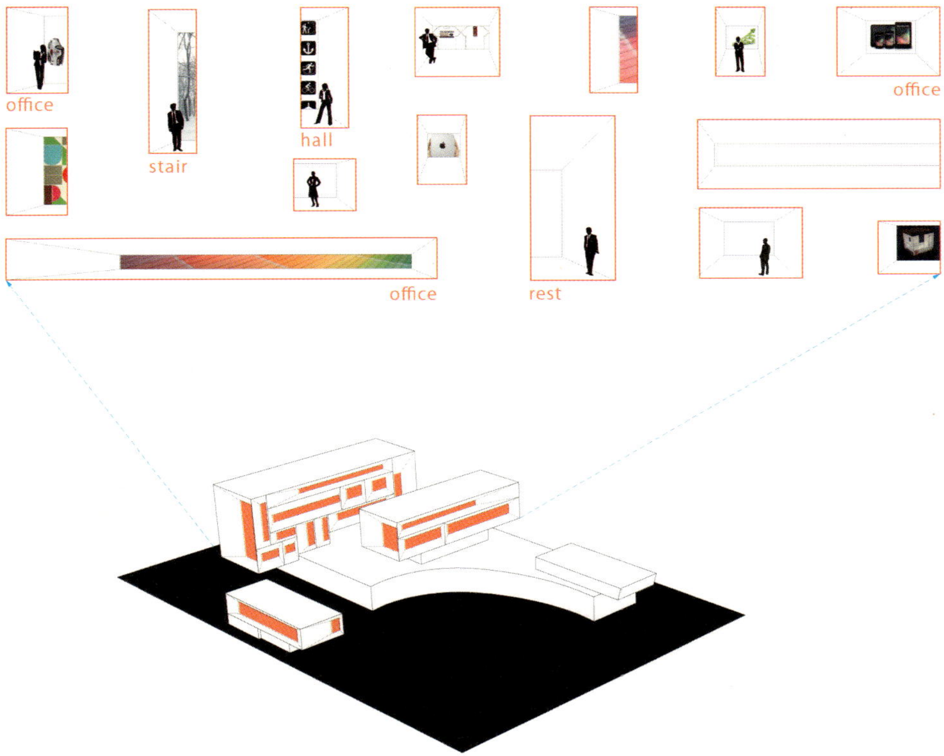

그림 2.7 프로그램과 건축디자인

프로그램은 건축 외피와도 연관된다. 수치로 표현되는 프로그램은 삼차원의 공간화 과정에서 프로그램의 특성과 기능에 따라 각각 다른 크기의 볼륨을 가지게 된다. 이는 건축물의 표피와도 직접적인 연관성을 가지면서 건축의 입면 디자인을 결정하는 데 영향을 준다.(디자인연구소 계획안, ⓒ 박열 도시건축디자인연구소, 2012)

chapter 3

개념설계

Concept Design

Concept의 정의 (槪 ; 대개 개, 念 ; 생각 념[염])

건축과정이란 비물리적 요소인 건축의 기능적 요구를 물리적 요소인 대지의 한정된 영역 안에서 주어진 설계과제를 건축의 기본언어라 할 수 있는 건축의 형태와 공간으로 풀어가는 과정이다. 건축을 풀어가는 과정 속에서 건축가는 크고 작은 문제와 직면하게 된다. 여러 문제에 직면할 때마다, 무엇이 문제인가? 어떻게 문제를 풀어나갈 것인가? 왜? 그렇게 문제의 해결안을 제시하였는가? 건축가는 고민하며 직면한 문제를 풀어나가야 한다.

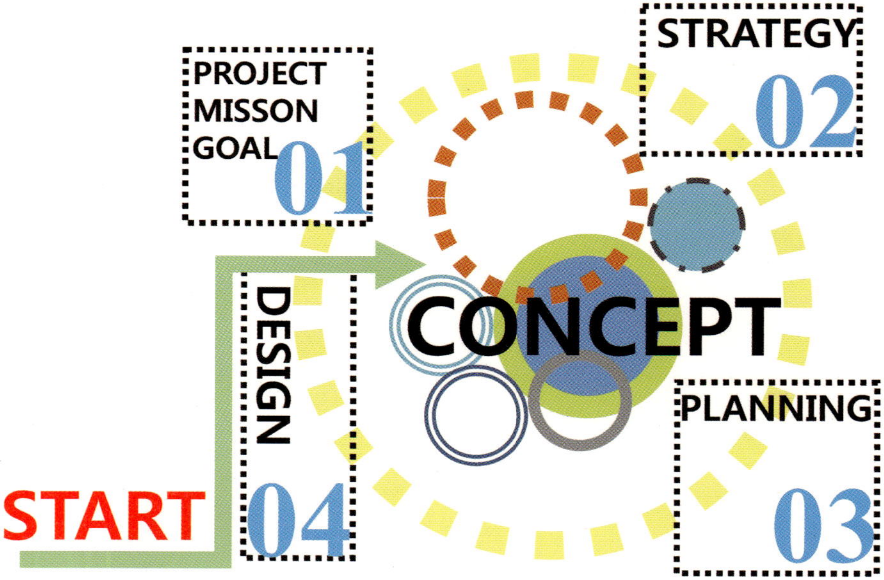

그림 3.1 Concept의 역할

주어진 과제에 직면한 여러 문제를 풀어가는 건축과정에서 가장 핵심적인 역할을 하는 것이 Concept이다. Concept은 과제의 첫 단계인 과제/해결/목표의 이해에서부터 시작하여 건축적 전략 설정, 그리고 마지막 단계인 디자인 발전의 구체화에 이르기까지 설계 전 과정의 핵심에 위치하여 문제 해결의 조정과 판단의 기준이 되어 전체적인 건축작업이 원활하게 이루어지도록 역할을 한다.(© Park Jong-ki)

이와 같이 건축과정은 한마디로 공식화할 수 없는 주어진 문제를 건축적으로 규정하고 이에 대한 해답을 제시하여 문제를 풀어가는 과정이라 할 수 있다. 건축과정에서 추구하는 해답은 '옳다' 또는 '그르다' 로 판단되는 정답을 구하는 것이 아니다.

정답이 아닌 해답으로 제시된 다양한 대안을 상대적으로 비교 · 평가하여 '직면한 문제에 있어 보다 진정성 있게 대응하여' 실질적인 해결책에 더 다가선 안을 해답으로 찾고 선택하는 것이다. 이와 같이 직면한 여러 문제를 풀어가는 과정으로 이해되는 건축과정에서 가장 핵심적인 역할을 하는 것이 Concept이다.

그럼 Concept이란 무엇을 의미하며, 어떻게 설명할 수 있는가? 이 질문에 대하여 답하기란 여간 어려운 것이 아니다. 어렵고 난해한 질문일수록 단순하게 스스로 이해할 수 있는 영역 안에서 자유롭게 해답을 구하는 작업이 필요하다. 필자는 Concept에 대한 다양한 시각과 견해, 그리고 학술적 정의를 뒤로 하고 앞서 언급한 '직면한 문제에 대한 해답을 구하는 과정' 으로 설명한 건축과정과 Concept을 상호 연관적으로 이해하여 다음과 같이 단순하고 보다 쉽게 Concept을 정의하고자 한다.

Luwig Mies Van der Rohe : *"Less is More"*
Louis Kahn : *"Architecture is the thoughtful making of space"*

Concept이란 모두가 인지하고, 직면한 건축적 문제에 대하여 가슴에 직접 와닿는 해답을 제시하는 것임과 동시에 건축가 스스로가 납득할 수 있는 해답을 내놓는 것이다. 그리고 그 해답의 중심에 있는 건축가의 생각, 그것이 바로 Concept이다. 즉 당면한 문제(건축 주제)에 대하여 해답으로 제시된 건축가의 중심생각이 Concept이다.

Concept의 역할 (건축가는 Concept으로 말한다.)

Concept은 건축가의 중심생각을 건축적으로 표현하고 건축적으로 말하는 것이다. 건축의 기본언어는 건축의 형태와 공간이며, 건축가의 언어는 Concept이다. 건축가는 Concept으로 말한다. 건축과정에서 Concept의 역할은 소통이다. 소통은 곧 말하는 사람과 듣는 사람이 서로의 생각을 이해하며 대화하는 것이다.

그림 3.2 2015국제 워크숍 "Tsingtau construction 2.0" 공개발표 현장모습: Concept은 건축가의 언어이다.

2015 국제 워크숍 "Tsingtau construction 2.0" 대한민국(Kwangwoon University), 중국(Qingdao Technological University, Yantai University), 일본(Tokyo University of science University), 독일(Hochschule Kaiserslautern) 4개국에서 온 학생들이 그룹을 이루어 워크숍 과제를 수행하고 공개 발표를 하고 있다. 서로 다른 언어를 사용하는 학생들이 주어진 과제를 수행하는 과정에서 야기되는 갈등과 의견 충돌을 해결하는 조정과 판단의 기준이 Concept이다. Concept은 팀 작업에 있어 팀원의 생각을 하나로 묶어주며, 대화의 상대방을 설득하며, 이해를 구할 수 있는 건축의 언어이다.

대화에서 말하는 주체는 건축가이며 건축가에게는 자신의 중심생각을 들려주고자 하는 대상이 있다. 대화의 소통이 원활하게 이루어지려면 대화하고자 하는 대상이 누구인지 정확하게 인지하여야 한다. 건축가에게 있어 소통의 대상은 직접적으로는 건축주이며 건물을 사용하는 사람들이다. 소통에 있어 대상의 범위를 넓혀 보면 건축가는 건물의 형태와 공간을 통해 건물이 세워질 지역과 도시와 대화하며 소통한다. 이러한 소통이 하나하나 실현될 때 건축물과 건축물, 그리고 건축물과 도시 등 물리적 개체가 서로 소통하며 존재하게 되는 것이다. 그러므로 건축가는 사람과 사람 간의 인간적인 소통도 중요하게 여겨야 할 뿐만 아니라 건물과 건물, 그리고 건물과 도시 간의 물리적인 소통도 중요하게 여겨야 한다.

건축가가 Concept을 통해 자신의 중심생각을 말하는 것도 중요하지만, 대화의 상대가 건축가의 Concept, 즉 건축가가 말하고자 하는 바를 이해하고 있는지를 살펴보는 것도 중요하다. 이 과정에서 건축가는 때론 이해를 구하는 것을 넘어 대화의 상대방을 설득할 수 있어야 한다.

Concept이 건축가가 소통하고자 하는 대상을 이해시키고 설득시킬 수 있는 역할을 수행하기 위해서는 Concept이 문제 해결의 조정과 판단의 기준이자 출발점이 되어야 하며, 건축가는 '무엇' 을 말하는지, '왜' 그렇게 말하고자 하는지, '어떻게' 말하고자 하는지에 대한 자신의 중심생각인 Concept을 물리적(건축적)으로 표현하여 건축의 형태와 공간구성에 대한 논리적 타당성을 제공하여야 한다.

Concept이란 건축가가 만들어가고자 하는 건축을 풀어가는 건축의 언어이며, 세상에 건축가가 만든 건축을 이해시키는 열쇠이다.

Concept의 착상 (객관성과 주관성)

Concept 착상 과정의 첫 번째 단계는 주어진 건축적 과제와 그와 관련된 문제 상황을 정확히 인지하고 관련 정보를 수집하는 것이다. 이렇게 수집된 정보는 건축가에게 객관적으로 주어진 과제를 바라볼 수 있는 시각을 제공한다. 두 번째 단계는 객관적인 정보에 건축가의 관념적 사고와 디자인 원리를 적용하는 것이다. 건축가의 관념적 사고와 디자인 원리는 다양한 건축설계의 수행으로 파생되는 경험적 과정에서 반복하여 적용함으로써 발전하게 된다. 세 번째 단계에서는 수집된 정보와 건축의 기능이라는 객관성에 건축가의 관념적 사고와 디자인 원리라는 주관성을 통합적으로 연결시키고 창의력과 상상력을 불어 넣음으로써 Concept이 만들어진다.

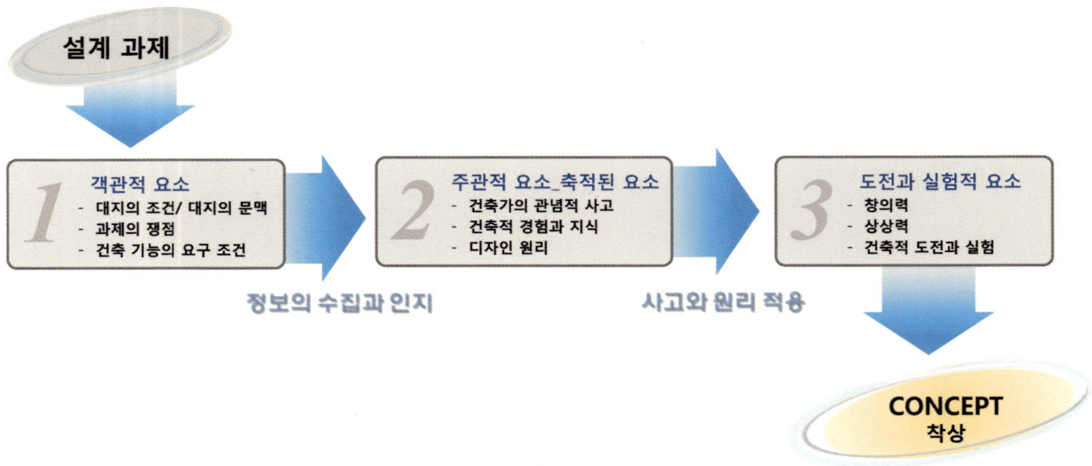

그림 3.3 Concept 착상의 단계적 구상

(© Park Jong-Ki)

Concept 착상 단계에서 고려해야 할 점은 첫째, Concept은 동전의 양면과 같이 주관적 사고와 객관적 논리성을 둘 다 만족시키는 것이어야 한다. 둘째, 건축물의 기능에 대한 실질적 해결책을 제공하려는 진정성 있는 대응이 Concept에 담겨 있어야 한다. 셋째, 건축가의 주관적인 관념적 사고에서 출발한 Concept이 공간의 기능과 아름다운 형태로 구체화되어 명료하게 나타나야 한다. 마지막으로는 Concept에 담긴 건축가의 중심생각에 대하여 건축가 스스로 납득할 수 있는 사고적 이해와 확신이 있어야 한다. 그리고 착상된 Concept에 대해 소통하고자 하는 대상(건축주 내지는 교수자)이 어떻게 이해하고 있으며, 설득할 수 있는지에 대한 건축가 스스로 자문함으로써 논리적 명료성을 확보해야 한다.

Concept의 착상에 영향을 주는 요소 및 특성

건축적 사고, 대지의 문맥(Context), 기능과 프로그램, 건축주의 요구 조건

Concept이란 모두가 인지하고 직면한 건축적 문제에 대하여 모두의 가슴에 직접 와닿는 해답을 제시하는 것, 그리고 건축가 스스로가 납득할 수 있는 해답을 내놓는 것, 그 해답의 중심에 있는 건축가의 생각, 그것이 바로 Concept이라고 앞서 정의하였다.

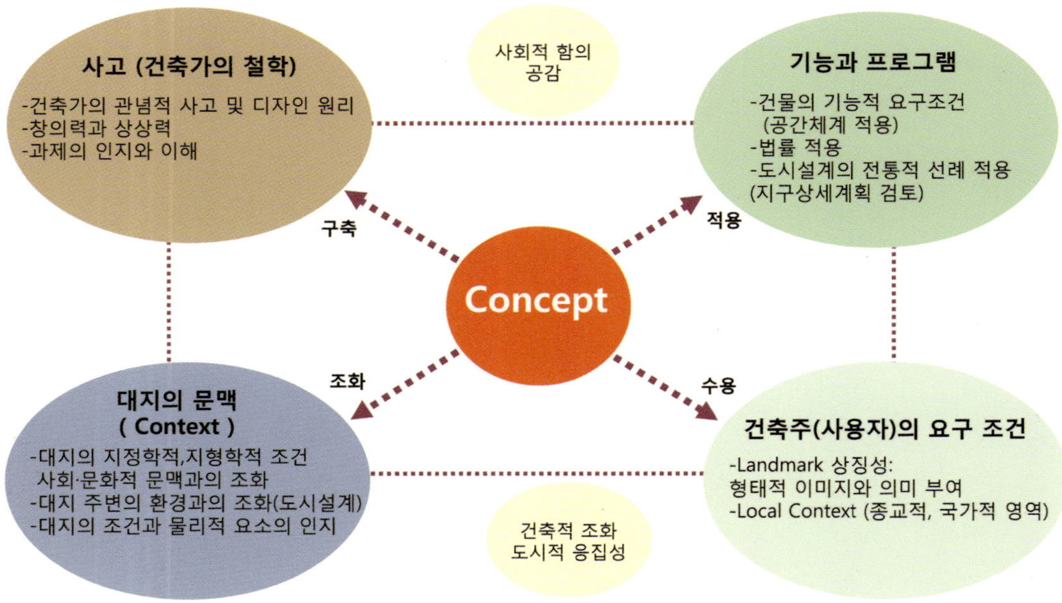

그림 3.4 Concept의 착상에 영향을 주는 요소 및 특성

건축가의 사고, 대지의 문맥, 기능과 프로그램, 그리고 건축주의 요구조건 등 4가지 요소에 담긴 의미와 역할을 이해하고 상호보완적으로 수용과 적용, 그리고 조화와 구축함으로써 '보다 나은 Concept', 그리고 '문제의 해결방안에 보다 근접한 Concept'의 착상이 이루어진다.(© Park Jong-Ki)

그렇다면 건축가의 중심 생각이며 건축가의 언어로서 소통의 역할을 하는 Concept을 착상하는 데 있어 영향을 주는 요소들은 무엇이 있는가?
이 질문에 답하기란 앞서 질문한 'Concept이란 무엇인가?' 에 대해 답하기만큼 어렵고 난해하다. 여기에서는 Concept의 착상에 있어 영향을 주는 요소로서 객관적으로 명확히 이해되는 요소들로 한정하여 다음과 같이 건축가의 건축적 사고, 대지의 문맥(Context), 건축의 기능과 프로그램, 그리고 건축주(사용자)의 요구조건 등으로 분류하고, 이 4가지 요소들을 활용한 Concept 착상의 방법론을 설명하고자 한다.

건축적 사고에 의한 Concept의 착상

첫째, 다양한 경험적 건축과정에서 구축된 건축가의 관념적 사고와 디자인 원리를 적용하여 Concept에 착상하는 것이다.

그림 3.5 공간과 형태에 대한 건축가의 관념적 사고와 디자인 원리 적용의 발전을 위한 과제 결과물

정육면체의 Object에 매스의 분절과 덧붙임으로 통하여 한정된 영역 안에 Object의 솔리드(Solid)와 보이드(Void)를 구상하는 과제이다. 이 과제를 통해 학생들이 공간의 형태적 변화, 그리고 내부와 외부의 경계를 건축적으로 이해하는 것을 학습의 목표로 한다. 이러한 반복적인 학습의 건축적 경험과 실험을 통해 건축가의 공간에 대한 관념적 사고와 디자인의 원리를 학습/발전시켜 나갈 수 있는 것이다. 본문에 서술한 합리적 설득력은 이와 같은 다양한 건축적 실험의 결과물로서 3차원으로 드러나는 어떠한 형태와 공간을 통해 얻어지게 되는 것이다. 미완적인 건축의 형태와 공간으로 드러나지 못한 건축가의 관념적 사고와 디자인의 원리, 즉 주관적인 사고는 객관적인 오브제, 형태, 건축적 요소, 그리고 공간으로 드러날 때에만 Concept에 합리적 설득력이 담기게 되는 것을 의미한다.(© Qingdao Tech.Univ. School of Architecture)

Concept이 건축가의 관념적 사고의 한 영역임은 분명히 모두가 인지하는 사실이다. 여기서 짚고 넘어가야 할 문제는, 그렇다면 지극히 주관적일 수도 있는 건축가 개인의 사적인 사고에서 착상된 Concept이 사회적 합의 내지는 건축주의 동의를 이끌어내는 건축적 행위에 대한 목적으로 정당화되는 소통의 언어로서 Concept이 공적인 의미가 담기는 것은 무엇 때문인가?이다. 그것은 바로 합리적 설득력이다. 즉 Concept에는 합리적 설득력이 담겨 있어야 한다.

합리적 설득력은 건축가가 오랜 건축적 경험과 결과물로 검증된 주관적인 사고 관념 내지는 디자인 원리가 건축의 기능(건축 행위의 목적성)과 상호연관성 있게 착상되었을 때 생산되며, 합리적 설득력을 얻은 Concept은 공적인 이해를 발효할 수 있으며, 사회적 합의가 담기게 되는 것이다.

Le Corbusier : *"Five Points of Architecture"(Pilotis, the free designing of ground plan, the free design of the façade, The horizontal window, Roof gardens)*

르 코르뷔지에는 건축 5원칙 (필로티, 자유로운 평면 및 자유로운 입면 구성, 수평으로 펼쳐진 창문, 옥상 테라스)이라는 건축적 사고와 원리를 바탕으로 자신만의 Concept를 구축하고, 이를 건축에 적용하여 모더니즘 건축(Modernism Architecture)을 구현했다.

대지의 문맥에 의한 Concept의 착상

둘째, 대지의 문맥(Context)에 의한 Concept의 착상이다. 대지의 문맥에 대한 정보와 지식은 물리적인 대지의 영역 안에서 한정적으로 발견되는 것을 넘어 비물리적으로 연결되어 나타나는 사회적 현상, 유행(트렌드), 이념, 그리고 가치에 이르기까지 광범위하게 분포한다.

대지와 대지 주변에 존재하는 모든 지식과 정보, 그리고 현상이 대지의 문맥으로 받아들이고

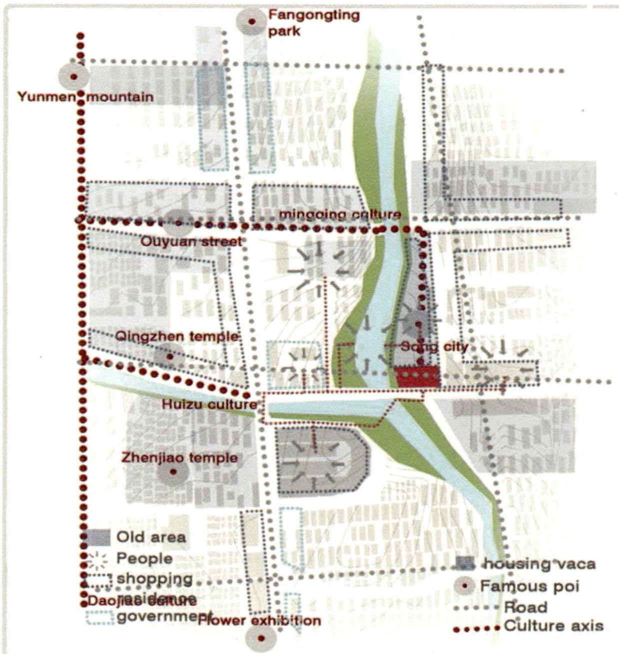

그림 3.6 Culture Comminication Center

물리적, 그리고 사회적으로 담긴 대지의 문맥에 대한 정보와 현상을 관찰 · 수집 · 분석하고, 건축가의 해석과 관념적 사고 과정을 통해 Concept으로 발전시킨다.(© Zhang Junnam, 2015)

Concept의 착상에 영향을 주는 것은 아니다. 어떠한 지식과 정보, 그리고 현상을 대지의 문맥으로 Concept의 착상과정에서 받아들일지? 아닌지?에 대한 선별적 과정이 필요하다. 이를 판단하는 기준이 되는 것이 건축가의 가치적 판단이다.

광범위하게 취합된 지식과 정보 중에 무엇을 대지의 문맥으로 받아들일 것인가?에 대한 건축가의 가치적 판단은 다음과 같은 세 가지 질문을 던짐으로써 검증해 볼 수 있다.

■ *대지와 대지의 주변에 담긴 정보와 현상에서 무엇을 관찰하고 수집하였는가?*

■ *발견된 정보와 현상은 어떠한 의미가 있는가?*

■ *어떠한 건축적 가치를 부여할 것인가?*

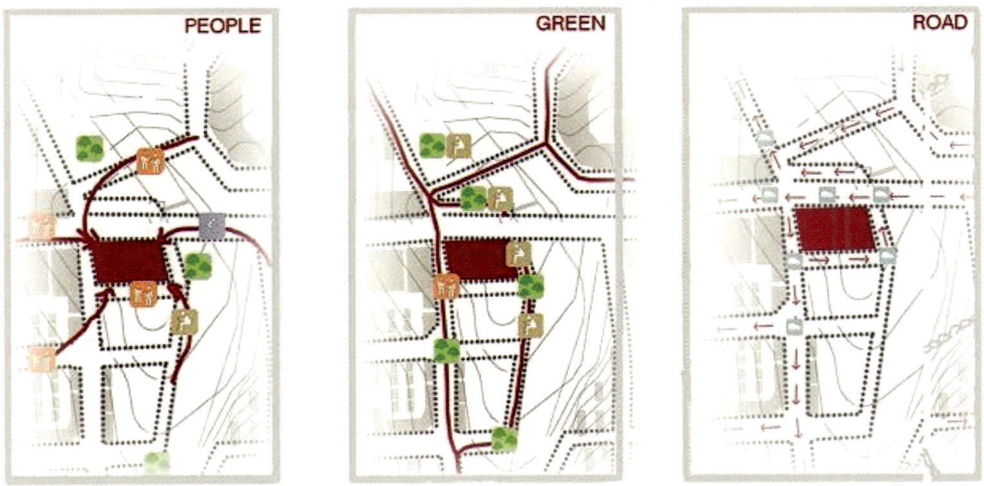

그림 3.7 Culture Communication Center

대지의 문맥은 건축가의 가치적 판단과 해석을 통해 Concept의 착상에 영향을 미치게 된다. 대지에 담긴 사람, 녹지공간, 그리고 길은 건축가의 가치적 판단과 해석을 통해 다음과 같이 Concept 착상에 영향을 미치는 건축적 가치가 부여된다. 사람은 현대인의 삶의 니즈(Needs)로, 녹지공간은 도시의 어메니티(Amenity) 연계구축으로, 길은 도시구조로 건축적 가치가 부여된다.(© Zhang Junnam, 2015)

대지의 문맥으로부터 Concept의 착상에 있어 중요한 원칙은 대지와 대지주변에 널리 펴져 존재하는 다양한 정보와 지식을 정확히 파악하는 것이 우선이다. 건축과제와 대지의 문맥이 서로에게 무엇을 의미하는지에 대한 '관계'를 발견하고, '이용을 위한 문맥(Context access)'을 선택하는 것이다. 그리고 새로운 건축적 가치와 이상을 덧붙이고, 확장하여 건축의 기능을 부여하여 사용하는 것이다.

기능과 프로그램에 의한 Concept의 착상

셋째, 건축의 기능과 프로그램으로부터 Concept의 착상이다. 건축가의 사고와 디자인 원리 적용보다는 건축의 목적 내지는 도시설계의 전통적 선례를 따라 Concept을 착상하는 것이다. 즉 건축의 기능에 전략적 초점이 맞춰져 건축물이 갖춰야 할 기능과 이를 사용하는 사람들의 요구(Needs)와 행태(Behaviors)의 실현에 전략이 집중되어 Concept을 착상하는 방법이다.

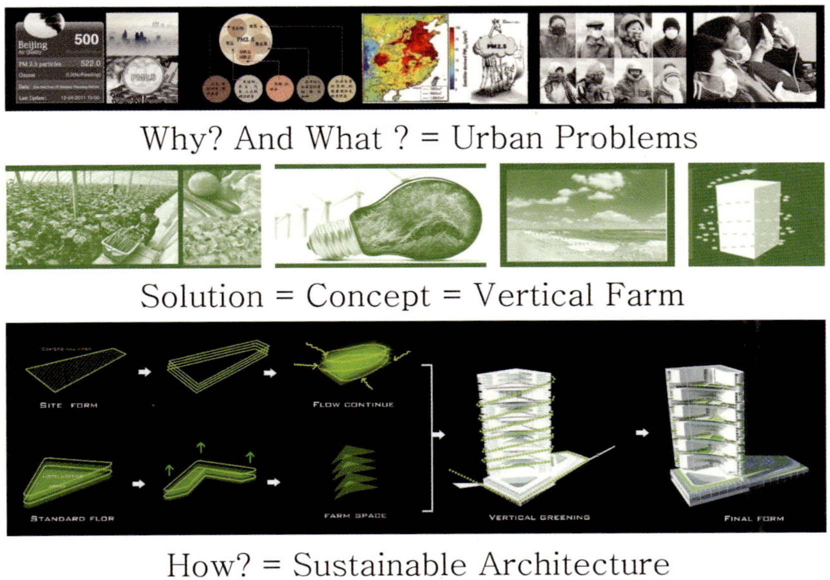

그림 3.8 Multi-Complex Design Vertical Farm

심각한 대기환경오염은 중국의 도시가 극복해야 할 위협적인 도전이다. 과밀화된 도심공간에 거대한 한 그루의 나무를 세우는 것은 도시 속 자연공간의 수평적 팽창이 공간적 한계에 직면한 현실의 문제를 극복하는 새로운 대안이 될 것이다. 본 프로젝트의 설계 목적은 초고층 건축 안에 도심 속 수직 농장을 계획하여 도시민들에게 친환경 야채와 채소, 그리고 과일에 더한 연구, 재배, 그리고 체험과 소비활동이 이루어지도록 'all in one'에 적합한 최상의 환경을 제공하도록 하는 데 있다. 하늘로 높게 솟은 초고층 빌딩은 마치 도심 속에 한 그루의 나무가 세워진 것처럼 풍성한 열매를 맺고 삭막한 도시 공기에 쾌적한 산소를 제공해주며 하나의 상징물(Landmark)로 세워지게 된다.(© Anna, 2012)

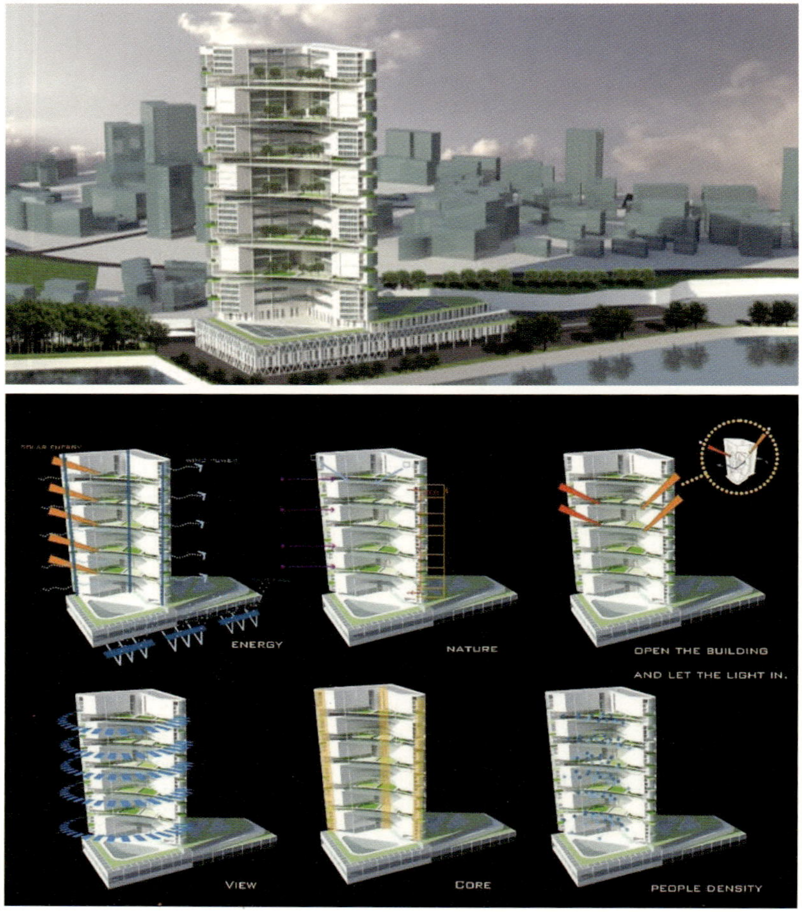

그림 3.9 Multi-Complex Design Vertical Farm

건물이 갖춰야 할 건축 본연의 기능에 설계의 전략적 초점을 맞춰 친환경 건축이 구현되도록 본 프로젝트의 Concept을 착상하였다. 건물의 전체적인 에너지 소비와 생산의 균형이 이루어지도록 지속가능한 친환경 건축설계기법(Sustainable Architecture)을 이용하였다. 친환경 에너지를 건물 자체적으로 생성하도록 태양광패널과 풍력발전시스템을 계획하고 빗물의 재활용 시스템을 통해 물소비를 절약하도록 했다. 기계적 설비 계획 이외에도 남향의 일사와 바람의 풍향을 고려한 배치계획으로 자연환기 및 자연채광이 이루어지도록 하여 에너지 절감과 쾌적한 실내공간 조성이 가능한 친환경공간을 구현하도록 했다.(© Anna, 2012)

건축주의 요구 조건에 의한 Concept의 착상

넷째, 건축주(사용자)의 요구 조건에 의한 Concept의 착상이다. 이 방법론은 전반적으로 건축물의 기능과 목적에 대한 건축주의 주관적인 의사를 반영하여 실용적 의미가 담긴 Concept에 착상하는 것을 목적으로 한다. 건축물 그 자체의 순수한 형태적 프레임을 형상화하고 상징적 의미가 담기도록 Concept을 정하는 방법론이다.

건축물의 기능에 대한 실용적 목적을 넘어 건물의 형태에 담긴 상징적 의미와 기호들에 대한 함의를 건축물의 계획에 담아 건물을 이용하는 사람과 이용하지 않는 사람 구분 없이 모두 인지할 수 있도록 Concept을 착상하는 것이다. 예를 들면 종교시설 계획에 있어 특정 종교의 상징을 건축물의 입면이나 평면에 구현하여 종교적 색채가 건축물에 녹아나도록 계획하는 것이다.

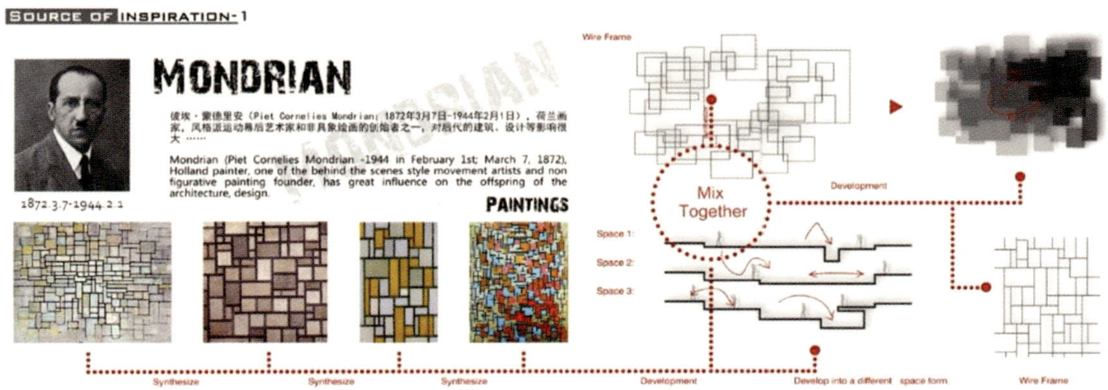

그림 3.10 Concept Development 단계1 Culture Complex Design for Mondrian

몬드리안 문화복합센터는 Pieter Mondrian의 작품을 전시하는 미술관 시설과 지역 주민들이 문화를 체험하며 서로 간의 소통과 교류가 활발히 이루어지도록 하는 교육시설 및 다목적 시설을 배치하였다. 본 프로젝트의 주 기능은 몬드리안의 작품을 전시하는 것이므로 건축물 형태 구성에 어떻게 하면 Pieter Mondrian의 작품세계가 담기도록 할 것인가에 대한 고민으로부터 Concept이 착상되었다.(© Shi Lei, 2015)

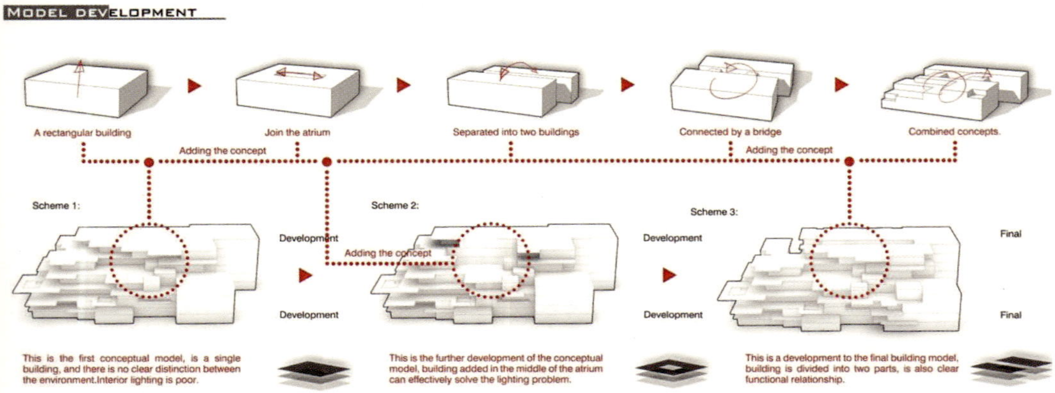

그림 3.11 Concept Development 단계2 Culture Complex Design for Mondrian

네덜란드 출신의 화가 Pieter Mondrian 미술관 설계의 주제이며, 가상의 건축주 역할을 함으로써 Mondrian의 작품에 담긴 작가정신 '신조형주의'와 기하학적 추상을 3차원적인 건축공간으로 재해석하여 Concept를 발전시켰다.(© Shi Lei, 2015)

그림 3.12 Culture Complex Design for Mondrian

위 4가지 요소는 건축에 담긴 의미와 역할은 서로 상이하나 Concept의 착상에 있어 모든 요소의 역할을 이해하고 상호보완적으로 수용과 적용, 그리고 조화와 구축함으로써 '보다 나은 Concept', 그리고 '문제의 해결방안에 보다 근접한 Concept' 의 착상을 이루게 된다.(© Shi Lei, 2015)

Concept의 착상에 영향을 주는 4가지 방법론에 대해 설명하였다. 물론 위 4가지 방법론 이외에도 Concept의 착상에 영향을 미치는 다양한 방법론이 존재할 것이다. 앞서 건축과정을 '옳다' 또는 '그르다'로 판단하는 정답을 구하는 것이 아니라 '직면한 문제에 대해 보다 더 진정성 있게 대응하여' 실질적 해결책에 다가선 안을 해답으로 찾고 선택하는 것이라고 설명한 바와 같이, Concept의 착상 방법론에 대한 정확한 답은 없다. 단지 직면한 건축과제에 대하여 더 진정성 있게 대응하는 Concept에 착상하는 다양한 방법론이 존재할 뿐이며, 좋은 Concept 방법론을 생산하기 위해 다양한 건축적 경험과 학습을 쌓아서 만들어 갈 뿐이다.

가장 좋은 Concept의 착상이란 이 모든 방법론이 내포하는 의미와 역할을 자각적으로 이해하면서 그 모든 요소들을 상호보완적으로 활용하고 창의성을 결합시키는 것이다.

Concept의 착상에서 나타나는 오류 (학습자 입장)

미래의 건축가들인 건축설계 스튜디오의 설계수업을 듣는 학생들에게는 Concept에 착상하는 것은 매우 어려운 문제이다. 건축설계 스튜디오 수업의 설계과정에서 대지 및 환경분석, 프로그래밍의 객관적인 분석 단계가 마무리된 후, 수업에 참가하는 학생들을 혼란과 어려움으로 이끄는 질문은 "Concept은 무엇입니까?" 이다.

건축을 배우는 학생들에게 있어 다양한 건축설계의 수행 경험과 전문적 지식이 절대적으로 부족한 것은 엄연한 사실이다. 경험과 지식의 결핍으로 인하여 건축가의 관념적 사고와 디자인 원리를 적용하여 Concept에 착상하는 것은 학생의 입장에서는 무척이나 난해하고 어려운 문제이다. 이는 직면한 문제를 풀어가는 과정으로 이해되는 건축과정에서 문제의 해답을 구하는 열쇠를 찾기 위해 Concept에 착상하고자 하였지만, 정작 문제를 풀어가기도 전에 Concept의 착상이라는 더 큰 문제가 더해진 것이나 다를 바 없다.

문제에 문제가 더해진 Concept의 착상은 추상적 관념 안에 갇힌 Concept으로 전락하여 건축의 언어라 할 수 있는 공간과 형태로 구체화되어 표현되지 못하거나 학생 스스로가 정확한 용어(침묵과 빛, 분열과 해체, 중첩과 투명성)의 의미를 이해하지 못하는 모호한 용어 사용으로 인한 추상적 사고 안에 갇힌 Concept의 착상이 이루어지는 오류를 범하게 된다. 또한 거장의 건축철학 및 디자인 원리에 대한 이해와 건축적 지식 없이, 유명 건축가의 작품에서 드러나는 건축의 관념적 사고와 디자인 원리를 무분별하게 차용하는 문제점도 쉽게 찾을 수 있다.

이와 같은 Concept 착상에서 나타나는 문제점을 바로 잡고, Concept의 착상과 건축과정에서 Concept의 적용에 있어 유의해야 할 점들을 건축가 스스로 자문하며 살펴볼 수 있도록 다음과 같은 올바른 Concept 착상을 위한 체크 리스트를 활용할 것을 권하며 본 장을 끝맺고자 한다.

	올바른 Concept의 착상을 위한 체크 항목	Yes	No
■	설계 주제와 대지의 문맥 같은 기본적인 정보를 습득한 상태에서 Concept 착상 작업이 시작되었는가?	□	□
■	설계의 주제, 주어진 정보(수많은 정보 속에서 가치 있는 것, 원하는 것을 선택하고, 직관적인 판단에 의해 정보를 선택함)와의 상호 연관성이 있는 Concept에 착상하였는가?	□	□
■	Concept의 의미와 특성을 건축가(학습자) 스스로가 정확히 이해하고 있는가?	□	□
■	Concept에 객관성이 결여된 채 건축가의 지극히 개인적인 사고에만 너무 치우쳐 착상되지 않았는가?	□	□
■	Concept의 중심 생각이 구체적으로 잘 이해되도록 적합한 내용과 형식으로 설명되고 있는가? 그리고 Concept의 중심 생각이 왜곡 없이 잘 전달되고 있는가?	□	□
■	장대한 서술형으로 Concept을 풀어가고 있지는 않는가?	□	□
■	추상적 사고에서 착상된 Concept이 사고의 흐름과 논리에 따라 구체화되고 있는가?	□	□
■	Concept에 대한 직관적인 정보와 문맥이 이해되도록 스케치(Sketch), 이미지(Image), 다이어그램(Diagram) 등으로 표현하였는가?	□	□
■	설계과정에서 일관성 있게 Concept이 적용되고 있는가?	□	□
■	Concept의 중심 생각이 건축공간이나 형태로 구체화되었는가?	□	□

chapter 4

배치계획

Site Planning

목적과 개념

배치계획은 대지분석을 통해 얻은 정보를 토대로 이미 주어진 용도와 건축주의 요구를 의식하여 주변 및 내부의 종합적 쾌적성을 고려한 3차원 매스(Mass) 작업이다.

목적 : 배치계획은 대지 내의 건물뿐만 아니라 개발에서 수용해야 할 외부공간 기능 등을 효율적으로 이용하기 위한 계획이다. 대부분의 건축개발은 대지 내의 건물 외에 주차장, 외부공간 및 조경, 그리고 접근로 등을 계획해야 하며, 이 부속 시설들과 건축물 내·외부 공간에 쾌적한 환경뿐만 아니라 안전하고 편안한 환경을 제공해야 한다. 또한 대규모 건축개발에서는 다수의 건축물을 배치해야 하므로 건물군의 조화로운 배치가 필요하다.

개념 : 건축설계에 있어서 배치계획이 단순히 대지 위에 건물을 어디에 배치하는 평면적 작업이 아니다. 건물은 3차원적 매스로서 대지 내·외부 공간과 인근 건물에 환경적 영향을 주는 것뿐만 아니라 도시 경제활동, 교통 및 경관에도 큰 영향을 준다. 그러므로 어떠한 용도의 건물이 어떤 규모로 개발될 때 배치계획에 따라 그 건물의 기능성에도 영향을 주지만 주변 도시 활동과 환경을 좋게 만들 수도 있고 나쁘게 만들 수도 있다.

그러므로 배치계획은 주변 맥락과 미래 발전방향을 고려하여야 한다. 본 장에서 대지분석을 토대로 주변 맥락을 잘 분석하고, 장·단점, 위협요소, 그리고 기회요소를 잘 분석하여 건축개발 전략을 세워야 한다. 배치계획은 단순한 건물과 가로의 결합이라기보다는 구조물, 지형, 공간구성, 생활체계, 기후 등을 체계적으로 조직화하는 과정이다. 특히 배치계획은 미기후와 자연환경을 변화시킬 수 있는 여지를 가지고 있어 건축물의 친환경성뿐만 아니라 도시 지속가능성에도 큰 기여를 할 수 있다.

배치계획의 기본

배치계획은 대지와 관련된 외부조건과 대지 내부의 기능들을 고려하여 계획해야 하며, 공간별 위계에 따른 프라이버시 역시 중요한 고려 대상이다.

외부조건과 접근의 편의성

▪ 광역위치도

• 고양시 동부 덕양구내 삼송지구에 위치
• 남동측에 서울시, 북동측에 양주시 인접

▪ 광역교통체계

• 지하철 3호선 삼송역, 서울외곽순환도로, 삼송로와 인접하여 양호한 교통환경 구축

▪ 광역인문환경현황

• 서측에 고양시 중심시가지 위치
• 동측에 지축지구, 은평뉴타운 개발

▪ 커뮤니티 분석

• 교육시설이 연계된 커뮤니티 회랑 형성
• 상업시설과 문화시설의 연계로 문화축 구성

▪ 교통체계

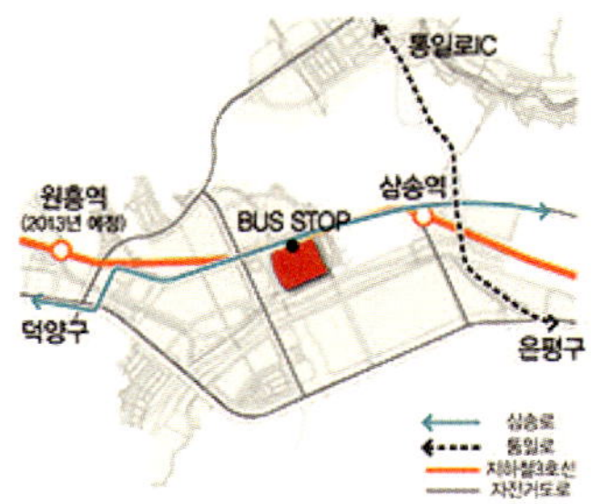

• 지하철 3호선 삼송역과 인접하여 서울생활권가능
• 삼송로와 통일로 이용하여 서울, 일산, 파주로 연결

▪ 도시구조

• 대로들에 의해 동서, 남북축 도시 그리드 형성
• 삼면이 자연에 둘러싸이고 한면은 도시에 접한 위치

그림 4.1 대지의 외부 기능적 조건 분석

(고양삼송지구 I-Park 공동주택 현상 공모작, ⓒ 에이텍종합건축사사무소)

배치계획에 있어 가장 중요한 것은 2장의 분석을 통해 대지 조건과 주변 조건을 고려한 건축물을 배치하는 것이다. 2장(대지분석)에서 대지 내 조건과 대지 주변 분석을 통해 사용자의 안전과 편의, 그리고 건축물의 용도 등이 고려된 배치가 필요하다. 또한 배치계획에 있어 외부조건이 내부조건보다 먼저 고려되는데, 이는 내부조건이 외부조건에 따른 계획에 있어 중요한 영향을 주는 경우가 많기 때문이다. 예를 들어 외부에서 대지 건물의 접근도 용이해야 하지만 사용자가 편리하며, 주거 외 건물들은 이용자의 소통과 인지성이 좋을수록 부동산 가치도 높아진다. 그리고 주거건물의 경우에도 외부조건으로 주변의 소음 및 환경에 의해 건물의 조망이나 프라이버시 확보를 위해 건물의 배치가 결정되기 때문이다.

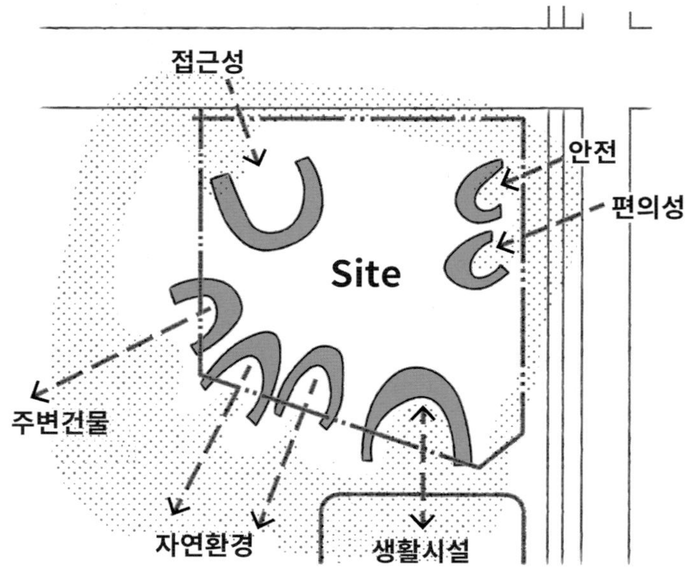

그림 4.2 대지의 외부조건 분석

외부조건 사례

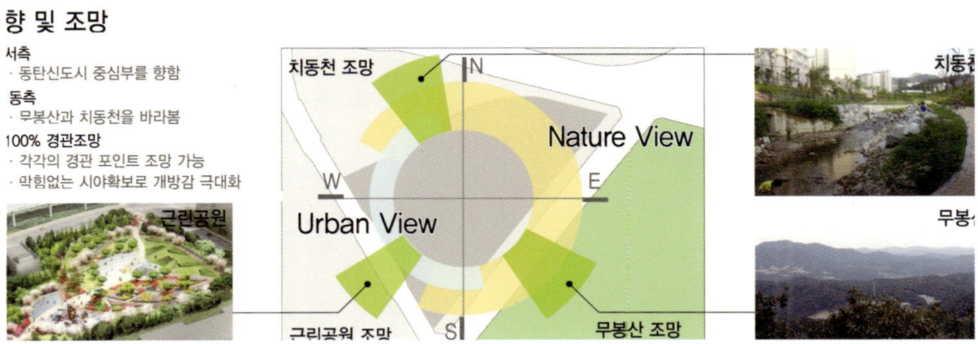

그림 4.3 대지의 외부조건 분석 사례

공동주택 계획에서 중요한 외부조건으로 주변의 인문 · 자연환경에 대한 분석을 통해 대상지의 접근성 및 향후 내부 주동계획에서 필요한 향과 조망의 조건을 확인하였다.(화성동탄2지구 A27BL 아파트 공동주택현상공모 당선작, ⓒ 에이텍종합건축사사무소)

내부공간과 연계성

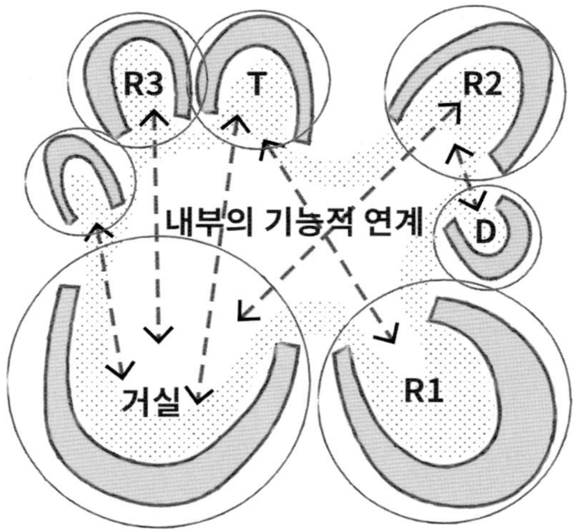

그림 4.4 단일 건물의 내부 기능적 연계를 고려한 계획 개념

단일 건축물에서는 내부의 기능에 따른 상호관계성에 의해 건축물의 평면계획과 배치가 조정될 수 있으며 건축물의 정해진 용도에 따라 달라질 수 있다.

보통 단일 건축물 배치의 경우 내부공간의 기능은 평면계획 단계에서 해결되는 경우가 많다. 그러나 내부와 외부의 기능을 함께 고려하여 건물배치를 조정하는 경우도 있다. 예를 들어 주택의 경우 거실 위치와 마당의 위치를 정할 때 해가 잘 드는 곳을 마당으로 설정하기 위해 건물의 위치를 한쪽으로 치우치게 하는 경우가 그렇다.

그리고 단일 건물이 아닌 경우에는 건물들과 이를 연계하는 가로 간의 상호관계를 고려하여 배치계획을 하게 되며, 특히 주거단지계획에서는 여러 주거 건물의 내 · 외부 환경을 고려하여 배치계획을 결정하기 때문에 의사결정 과정이 매우 복잡하다. 따라서 이러한 경우 내부기능의 연계성을 높이기 위한 동선과 외부공간계획을 중요한 요소로 고려한다.

공동주택 단지 배치 개념 사례

그림 4.5 단지 내부 연계를 고려한 조닝계획 개념

공동주택 계획 대지에 대한 주변 환경 분석을 통해 테마를 정하고 보행가로와 주동과 연계할 수 있는 배치 및 조닝(Zoning) 방법을 모색하고자 했다.(항동보금자리 공동주택 현상공모작 스케치, ⓒ 에이텍종합건축사사무소)

공간위계와 프라이버시(Privacy)

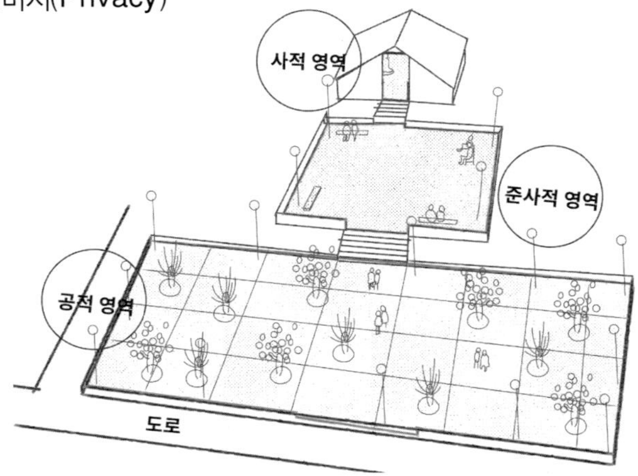

그림 4.6 공간 위계별 프라이버시(Privacy)의 개념

프라이버시(Privacy)는 사적 공간에서부터 공적 공간에 이르기까지 다양한 위계별 질서를 가지고 있으며, 계층 또는 기능별로 분절되어 있다. 이러한 프라이버시에 대한 태도는 문화와 관습의 영향에 의해 형성되며 만족스러운 프라이버시(Privacy)는 개인공간의 적절한 확보와 영역성에 의해 만족감을 얻을 수 있다. 그러나 프라이버시(Privacy)의 조절이 잘못되었을 경우 개인이 고립되거나 주변이 개방되어 혼잡한 상황이 발생할 수 있다. 예를 들어 대지의 접도 조건에 따라 도로에 면한 면이 많을수록 외부와의 연결성은 높지만 프라이버시 확보는 어렵다. 따라서 주택의 경우 셋백(Setback)을 통해 이러한 문제를 해결하기도 한다.

건축적 개념에서의 프라이버시(Privacy)는 사적 영역의 보호로 일정 부분 통제가 필요하다. 하지만 도로와 같은 공공공간으로 통제가 불가능한 곳은 건물의 용도와 관계 없는 사람들도 자유롭게 다니는 곳이다. 따라서 계획가는 이러한 건물 이용자의 영역을 보호하면서도 반공적 공간, 반사적 공간을 위계별 질서 속에 상호 연계될 수 있도록 건물 배치에 고려하여야 한다.

동선, 외부공간, 그리고 매스의 배치

동선계획은 단순히 대지와 건축물 간의 관계 이외에도 가능한 넓은 범위의 외부공간과의 연계성을 포함하여 고려해야 한다.

동선계획

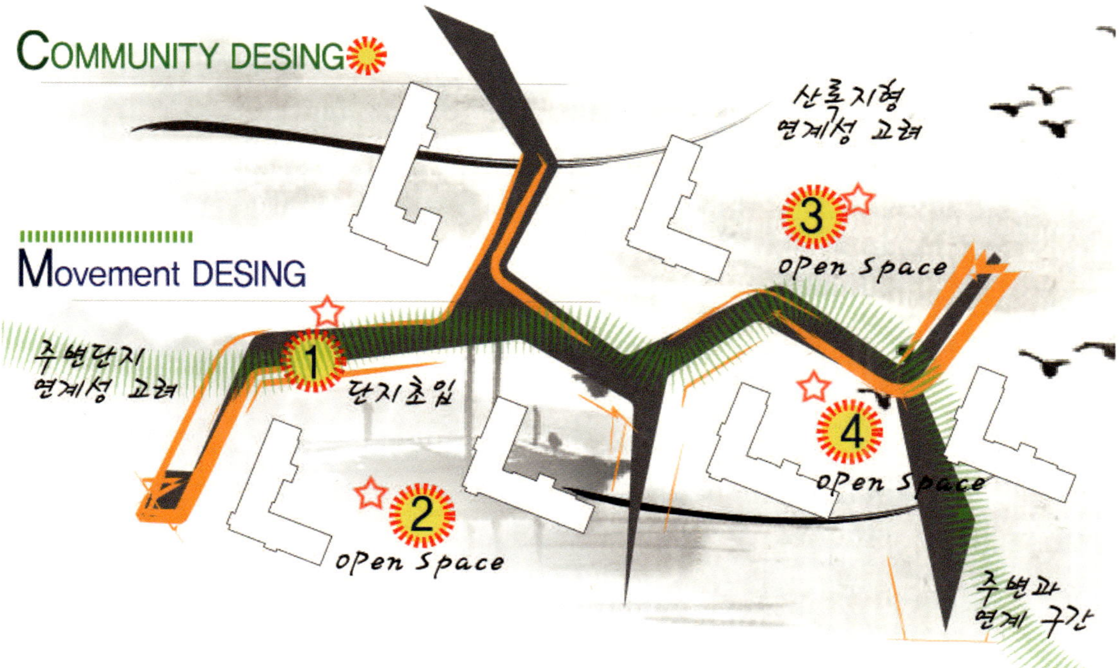

그림 4.7 단지 내 동선계획 및 주변지역과 연계성 고려

위 계획에서는 아파트 단지 내 동선과 주변지역, 그리고 각 주동별 커뮤니티를 고려하여 초기 배치계획에서 주요 동선에 대한 외부공간 계획을 수립하였다.(화성동탄2지구 A27BL 아파트 공동주택 현상 당선작, ⓒ 에이텍종합건축사사무소)

동선계획의 목표는 보행자를 중심으로 접근성 향상과 차량이 보행자의 안전을 위협하거나 쾌적성을 저하시키지 못하도록 계획되어야 하며, 단순히 대지와 건물 간의 연계성을 넘어 보다 넓은 범위의 주변 환경과의 관계까지 함께 고려해야 한다.
따라서 대상지에 대한 동선계획은 건물 입구에서부터 시작하여 외부공간이라 할 수 있는 대지 밖의 가로를 이용하여 여러 개의 건물들을 지나 주변 환경과 연계되는 일련의 과정을 모두 고려하여 이용자에게 쾌적함과 좋은 경관을 즐길 수 있도록 계획하는 것이 바람직하다. 특히 이러한 동선계획은 주거단지에서의 독특한 정체성을 부여할 뿐 아니라 동선계획에 따라 공동체적 조화를 이룰 수 있는 가능성까지도 제시할 수 있다.

동선을 고려한 외부공간 계획개념

외부공간의 특성

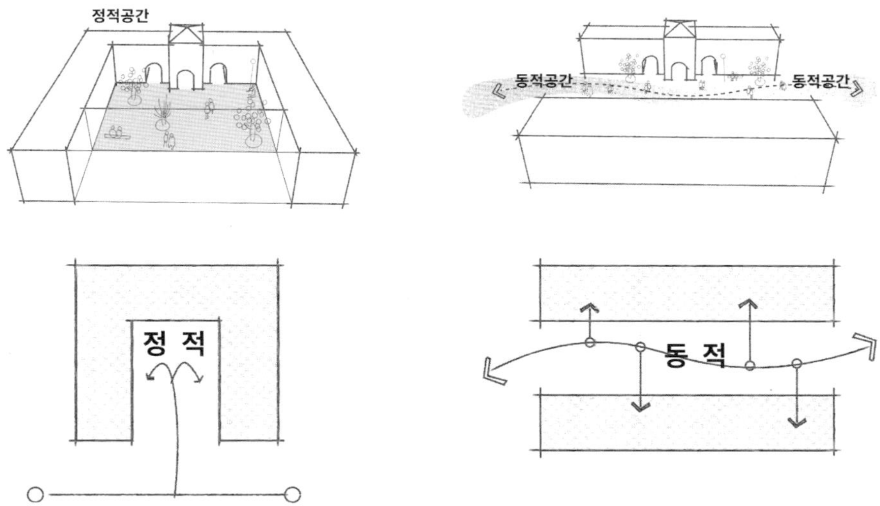

그림 4.8 정적 공간과 동적 공간

동선을 고려한 외부공간계획에서 정적 공간과 동적 공간으로 구분할 수 있으며, 공간의 3면 이상이 건물 또는 구조체로 둘러싸여져 있으면 정적 공간으로, 외부 공간의 2면 이하가 건물로 둘러싸여져 있으면 동적 공간으로 구분할 수 있다. 동적 공간과 정적 공간의 성격은 서로 다르지만 계획에 따라 이러한 외부공간의 활용은 다르게 나타날 수 있다. 특히 이러한 동선상의 계획이 단순히 이동이나 머무는 장소와 같은 한 가지 역할만 한다면 형태나 기능이 단조로워질 수 있으므로 가급적 몇 가지 이상의 복합적인 기능을 제공하여 활력 있도록 계획하고 명확한 영역성 부여를 통해 소유 및 관리의 범위를 부여할 필요가 있다. 공간감을 충분히 확보하지 못하면 네거티브(Negative space) 공간과 공간감을 충분히 확보했을 경우 포지티브(Positive space) 공간으로 나누어질 수 있다.

공간계획에 따른 영역성

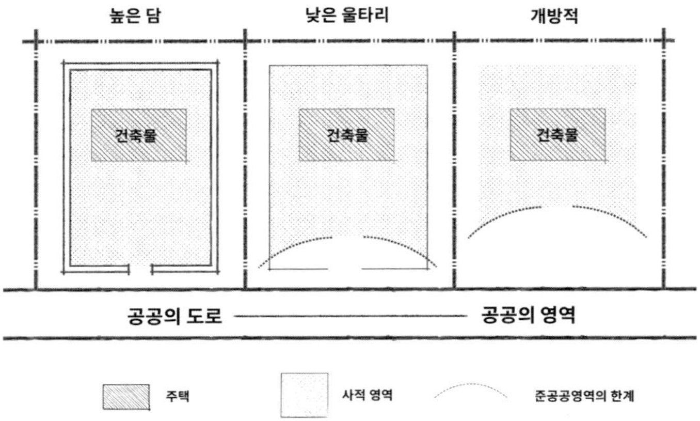

그림 4.9 울타리의 높이에 따른 영역성

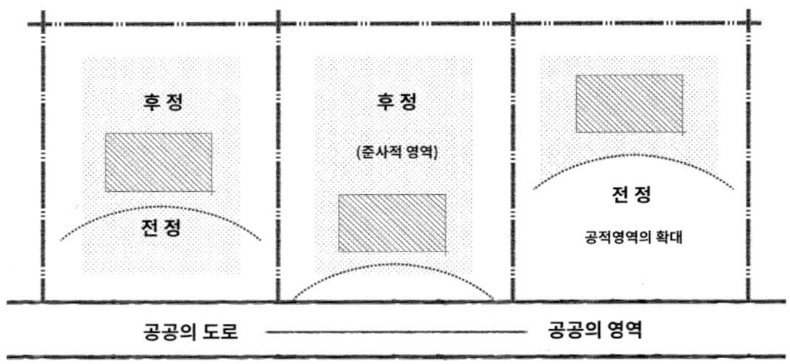

그림 4.10 건물배치에 따른 영역성

건물 배치계획에서 주어진 대지에 건물의 위치나 울타리 높이에 따라 외부인과 거주자의 공간에 대한 영역성(Territoriality)은 달라질 수 있다. 울타리로 영역성과 프라이버시 등을 확보하는 주택은 공공공간(가로) 활성화에 저해되므로 울타리 없이 건물의 배치로 확보할 수 있다. 외부와의 연계성을 고려하여 건물이 앞으로 배치되면 접근성이 향상되는 동시에 후정에 사적 공간이 확대되어 울타리 없이 프라이버시도 확보된다. 건물 앞에 사람이 많이 모이고 공공성이 높은 건물은 건물을 중간 또는 뒤로 배치하는 것이 좋다.

건물 용도와 형태

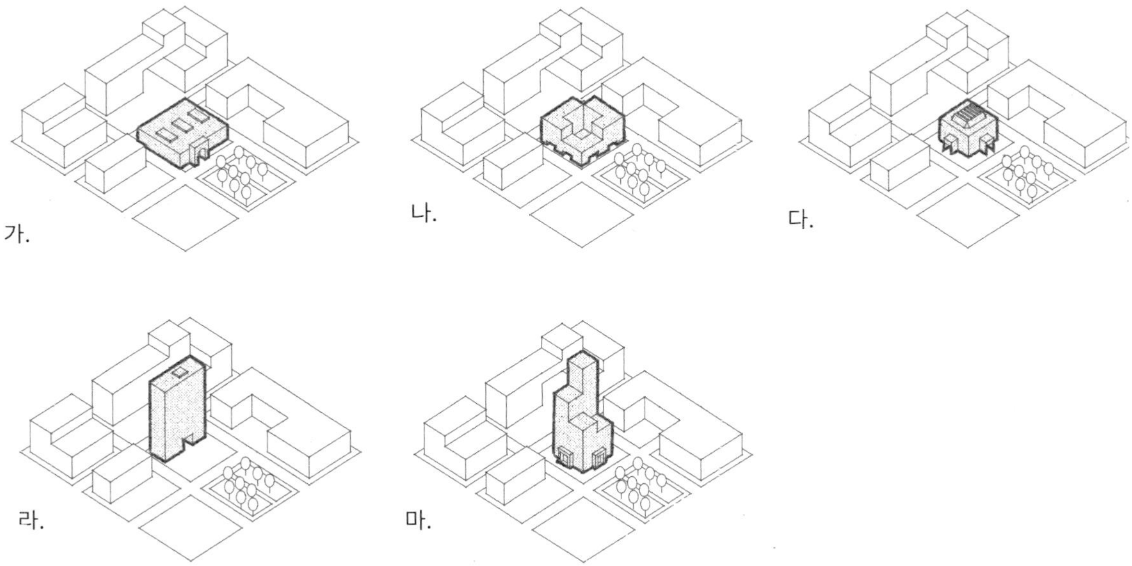

그림 4.11 도시맥락에 의한 용도별 건물유형

일부 특정 국가나 지역에 있어 이미 건물의 용도에 따른 배치나 형태가 역사적으로 검증되거나 규범적으로 유형화되어 기존의 건물형태 및 배치계획에 영향을 주기도 한다.(가)상업용도, 나)주상복합용도, 다)문화 및 공공, 라) 업무, 마)업무/주거 복합)

건축의 용도와 형태는 종종 국가나 지역에 따라 역사적으로 검증되고 인식되거나 무의식 속에서 용도에 따라 유형(Typology)화된 형태들이 있다. 이러한 전통은 부지의 배치 및 개념계획에 영향을 미친다. 새로운 용도와 용도복합으로 새로운 건물형태와 배치가 나타나겠지만 기존의 유형에 대한 충분한 이해가 없으면 대지 안에 건물형태와 매스의 배치계획 시 큰 문제가 발생할 수도 있다.

건물배치와 빛 환경

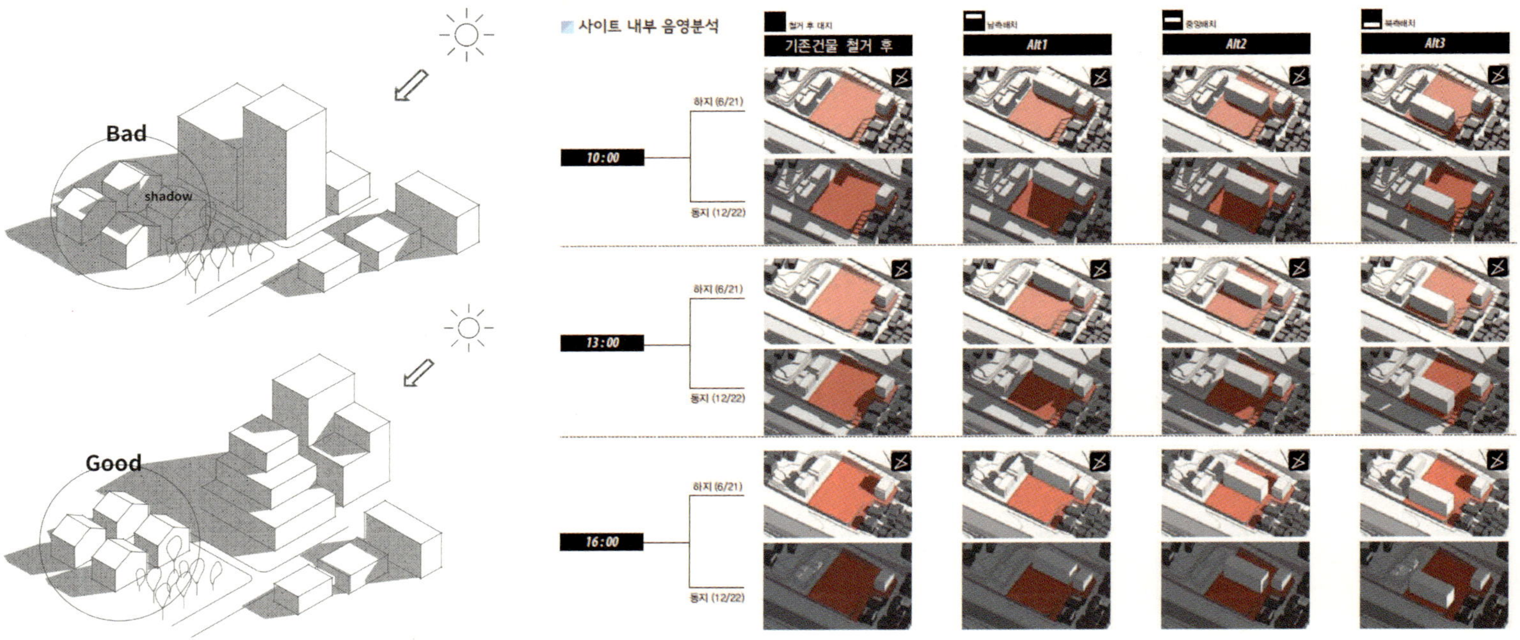

그림 4.12 건축물 배치 형태에 따른 일조권 변화

건물의 배치계획을 할 때 일사 차폐에 의한 주변의 환경변화를 고려한 계획이 되어야 한다. 같은 규모의 건물이라도 형태계획에 따라 주변 환경에 미치는 영향은 매우 다를 수 있다.(마포구중앙도서관 및 청소년교육센터 설계용역, © 행림종합건축사사무소)

위 그림 4.12처럼 건물의 배치는 그 형태와 높이에 따라 주변에 미치는 영향은 상당히 다르게 나타난다. 특히 주거지역에서의 일조와 조망은 최근 주거환경에 대한 의식변화와 함께 중요한 계획요소로 취급되고 있다. 이러한 일조권은 조망권과 더불어 다양한 법적 분쟁을 일으킬 수 있으므로 초기 배치계획부터 신중히 고려해야 한다.

경관을 고려한 배치

배치계획은 도시 및 자연경관에 큰 영향을 준다. 그러므로 주변경관과 조화로운 배치계획을 위한 기법을 소개한다. 건축물의 배치를 통해 조화를 이루면 건축물의 형태나 디자인이 독특해도 주변의 경관을 해치지 않는다.

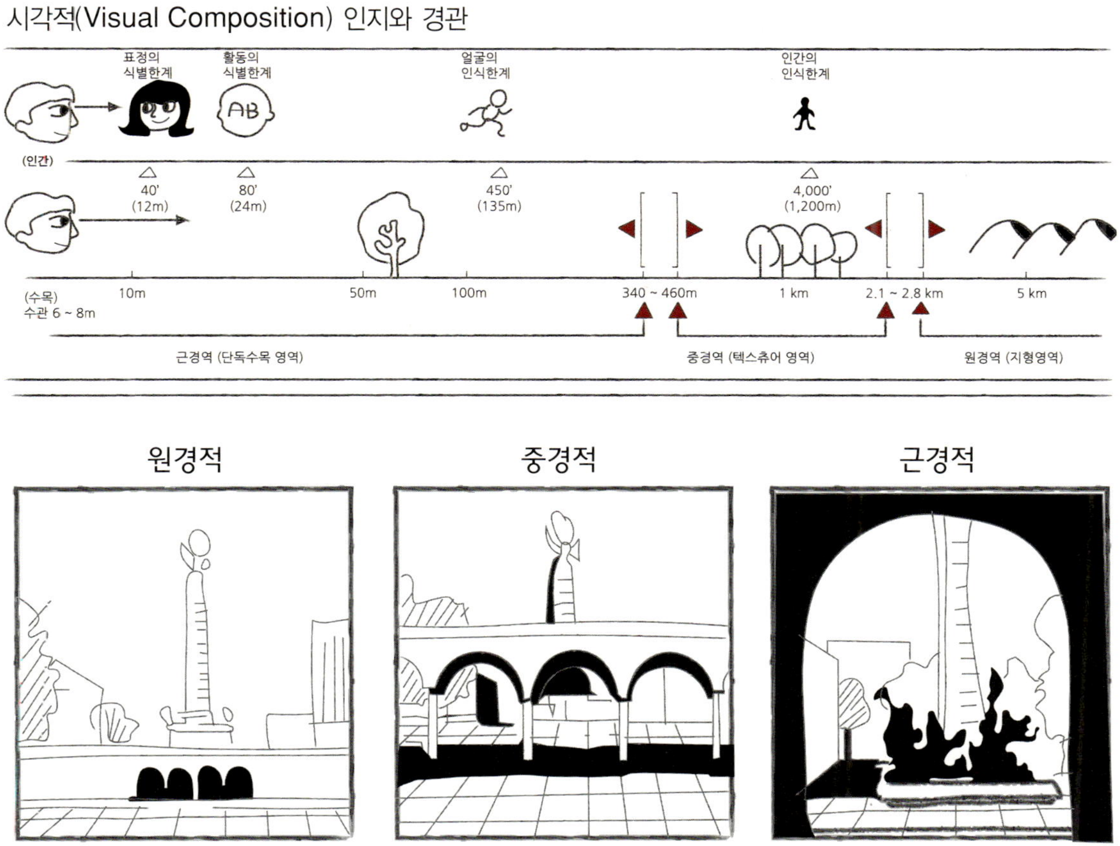

그림 4.13 주변 환경에 대한 관찰자 중심의 단계별 경관구성 원리

시각구조로서의 경관은 주변 환경이 관찰자 또는 체험자에게 어떻게 보여지는가에 중점을 두고 경관을 파악하는 것으로 건물의 배치계획에서 경관적 차원의 원경적 · 중경적 · 근경적 고려를 통해 주변 및 도시환경의 조화로운 환경을 제공해야 한다. 따라서 경관계획의 목표는 기능과 미관을 충족시키는 환경요소를 추출하여 아름답고, 명료하며, 개성이 풍부한 환경을 제공하며, 이를 위해서는 다음과 같은 기본목표가 있어야 한다.

첫째, 기능적이며 시각적으로 쾌적한 환경 조성

둘째, 자연환경과 인공환경이 적절히 조화되고 균형잡힌 환경을 조성

셋째, 다양하고 변화가 가능한 시각적 연출을 통해 만족도가 좋은 환경을 조성

넷째, 이미지를 명료하게 구성하여 각 구간의 차별성과 연계를 간결하게 계획하여 가독성(legibility)이 높은 공간조성

원경을 고려한 배치

자연(산 · 강)을 고려한 배치

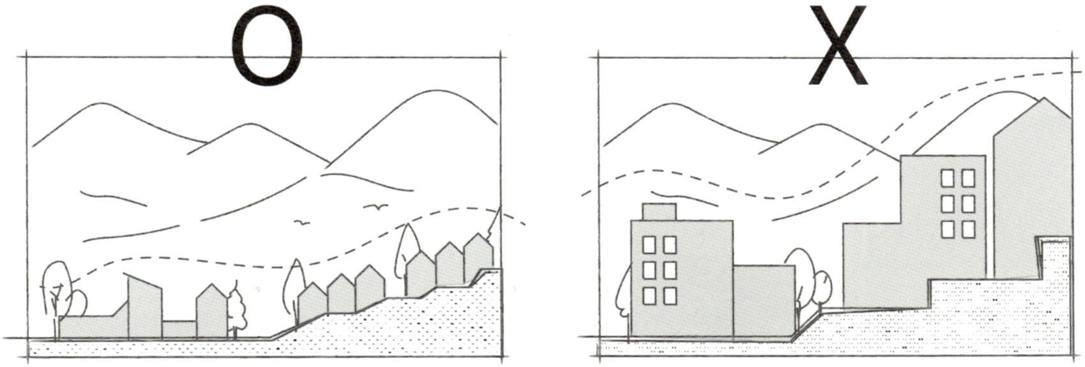

그림 4.14 주변 산록과의 조화를 고려한 원경계획과 그러지 못한 계획 예시

자연환경과 인공환경이 적절히 조화되고 시각적으로 균형잡힌 환경을 조성할 수 있도록 배치계획부터 검토해야 한다.(위 그림은 배경이라 할 수 있는 산록경관을 고려한 배치와 그렇지 못한 배치 예시)

원경은 멀리서 건축물과 배경이라 할 수 있는 산 · 강 등의 자연환경과 대비되어 보이는 모습을 뜻하며 원경이 잘 고려된 계획은 주변과의 조화와 시각적 명료성으로 해당 지역의 독특한 정체성(Identity)을 부여할 수 있다. 이러한 원경은 주변과 밀접한 관계를 가짐으로써 다양한 가로의 시각 변화에 따른 다양성과 대표성을 부여하여 랜드마크(Landmark)로써의 역할이 가능하다.

그림 4.15 원경이 고려되지 못한 계획 사례

중경을 고려한 배치

주변 건물과의 조화

그림 4.16 맥락적으로 균형을 이룬 지붕의 형태와 디테일(detail) 적용

경관계획에서 중경은 보통 건물 전면부의 집합된 모습이나 지붕의 형태와 매스의 변화를 통일성 있게 구성하여 지역의 컨텍스트(Context)를 만든다.(ⓒ 정재용)

경관계획에서 중경은 흔히 건물의 집합된 모습이나 형태의 시각적 구성을 말하며 가로수, 옹벽, 경사면, 교량 등도 중경에 포함된다. 이러한 중경을 고려한 배치는 지역별 구역(District)의 가로별 컨텍스트(Context) 만들기도 하는데 부지규모, 건물의 형태, 재질, 지붕모양, 건물의 높이, 식재 등을 통한 동일성 확보에 따라 안전성 및 영역성이 확보되며 대부분이 가로에 면한 전면부에 대한 계획을 통해 시각적인 다양성과 통일성을 부여할 수 있다.

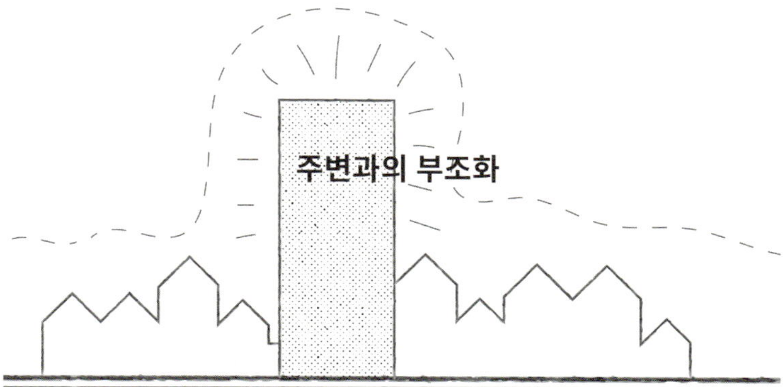

그림 4.17 주변과의 부조화

그림 4.18 경관의 컨텍스트 반영
(판교지구공동주택국제설계경기 월든힐스, ⓒ 종합건축사사무소 건원+야마모토 리켄(당선작))

배치계획

배치계획은 대지분석에 따른 현황을 바탕으로 설계자의 우선순위나 다양한 사회적 관점에 따라 다르게 적용될 수 있다.

배치계획의 초기구상 단계 : 대안 작성

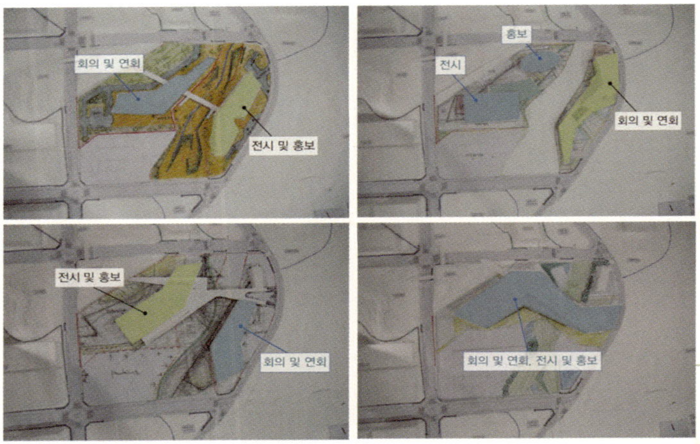

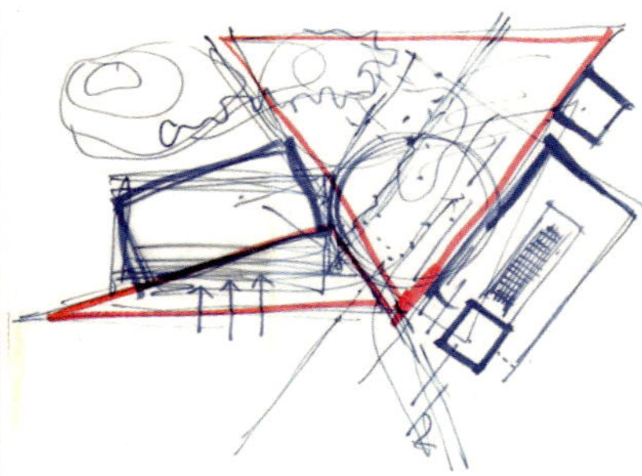

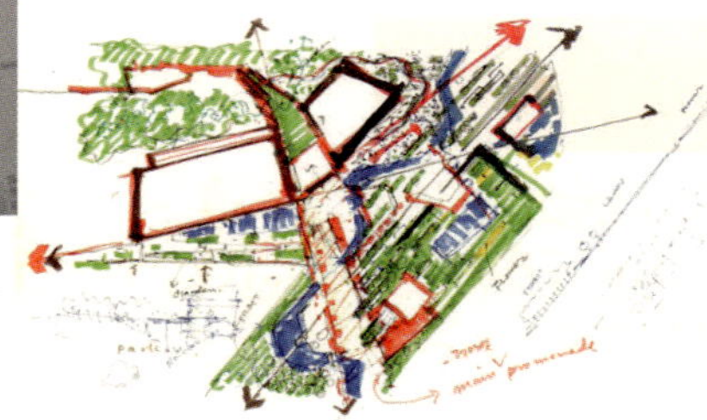

그림 4.19 대안분석을 통한 합리적 배치계획 결정
(세종시 행정지원센터 건립 설계공모, ⓒ 행림종합건축사사무소)

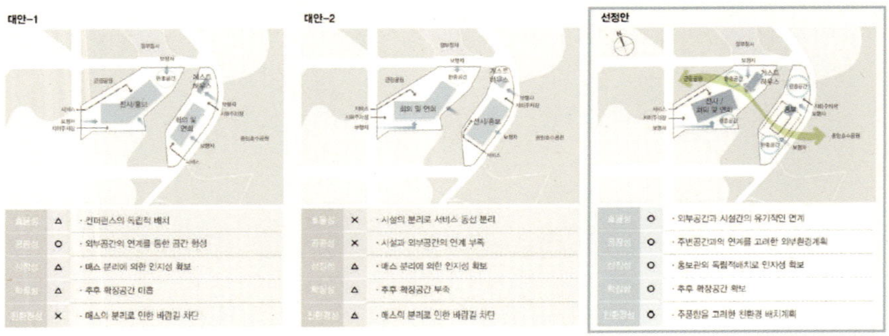

종합배치도

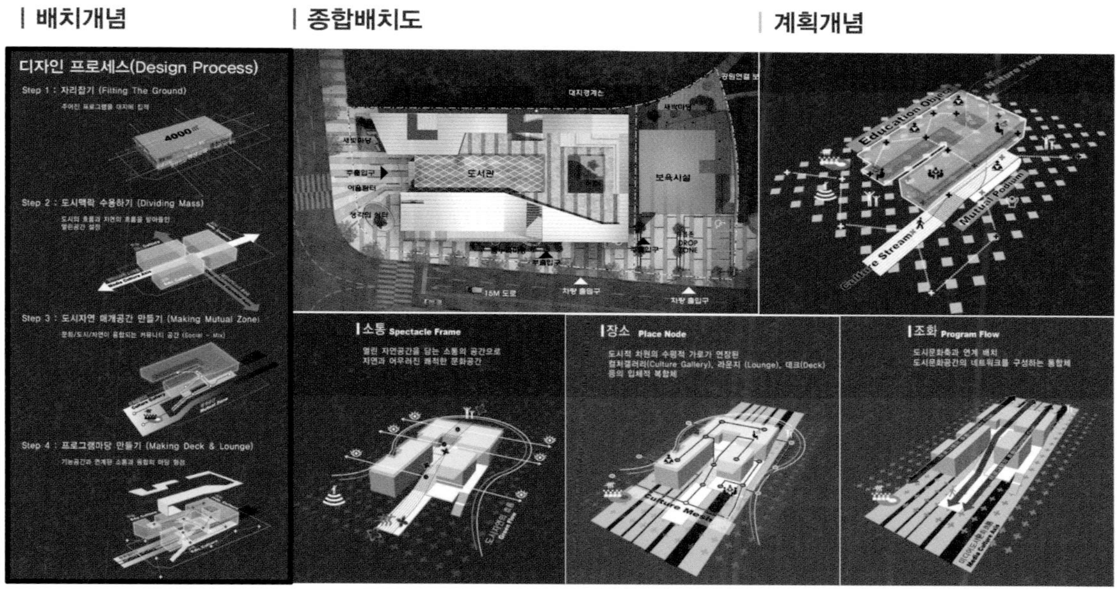

그림 4.20 프로세스(Process)에 의한 종합배치도 사례
(고양삼송 도서관 현상공모작, © 에이텍종합건축사사무소)

대지 사용 계획(배치계획)은 대지분석현황표의 지적도, 위치안내도, 대지현황 사진, 면적, 기후, 미기후, 상위법 및 관련법규 등을 검토한 대지분석(Site Analysis)뿐만 아니라 건물의 용도와 규모, 그리고 건축주의 의도를 담아 몇 가지 대안적(Alternative) 배치를 제안할 수 있다. 배치계획에 있어서 배치계획의 축은 형태와 공간을 구성하는 가장 기초적인 도구라고 볼 수 있다. 접근방향과 건축물 및 외부공간의 공간적 배치를 가장 효율적이고 효과적으로 배치하는데 있어서 축(axis)은 역할을 할 수 있다. 또한 건물의 형태에 대한 검토와 배치를 가지고 여러 대안을 검토할 수 있다.

대안 검토에서는 배치의 장 · 단점을 잘 검토해서 최종 하나의 안을 선정한다. 이 장에서 고려한 여러 내용이 배치계획을 작성하고 대안 선정에 중요한 역할을 할 것이다.

chapter 5

평면 설계

Floor Plan : Space and Connection

건축 평면계획(Floor Plan Design)

평면계획은 건축의 내부공간을 계획하는 것으로써 내부에서 발생 가능한 모든 활동과 환경을 적절히 수용할 수 있는 공간계획을 말한다. 건축물은 일반적으로 지정된 용도를 수용하는 실과 실들을 연결하는 연결공간으로 구성되며, 이를 합리적으로 배치하는 것이 평면계획의 핵심이라 할 수 있다.

평면계획의 순서

기능분석 → 기능연계성 설정 → 실별 규모의 산정(프로그래밍) → 실의 배치(버블 다이어그램) → 공간의 구체적 계획 → 구조계획(구조그리드와 공간의 조합) → 배치계획과의 상호 검토 → 평면계획의 구체화 → 법규 검토(피난 등) → 창호, 바닥재료 등 상세 계획 → 피드백

그림 5.1 평면계획

평면계획은 건축물에서 각 기능이 효율적으로 작동할 수 있도록 하며 평면을 바탕으로 외부 디자인의 표현이 가능하게 되는 매우 복합적이고 분석적인 사고를 요하는 행위이다. 평면설계의 과정을 성공적으로 진행하기 위해 건축가는 각 이해당사자(stakeholder)들이 참여하는 사용자 참여 설계를 수행하기도 한다.(충북혁신도시 사용자 참여 설계 워크숍, 2012, © JW Kim)

평면 프로그래밍과 버블 다이어그램

버블 다이어그램은 프로그래밍과 실제 설계를 연결하는 설계 단계에서 사용되며, 공간의 규모, 연관성, 위치 등을 고려하여 작성하게 된다.

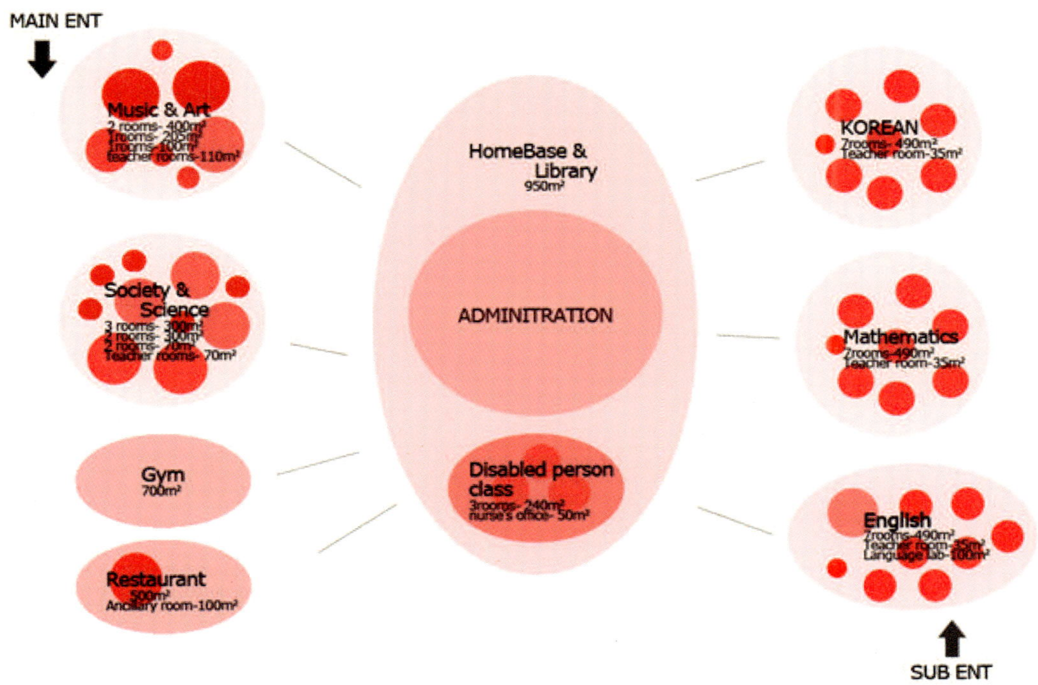

그림 5.2 평면다이어그램

각 기능공간의 크기를 모듈화 하고 관련 공간으로 그룹핑하여 기능별 mass를 가늠할 수 있게 보여준다.(충북혁신도시 고등학교, 2013, ⓒ Dmp 종합건축사무소)

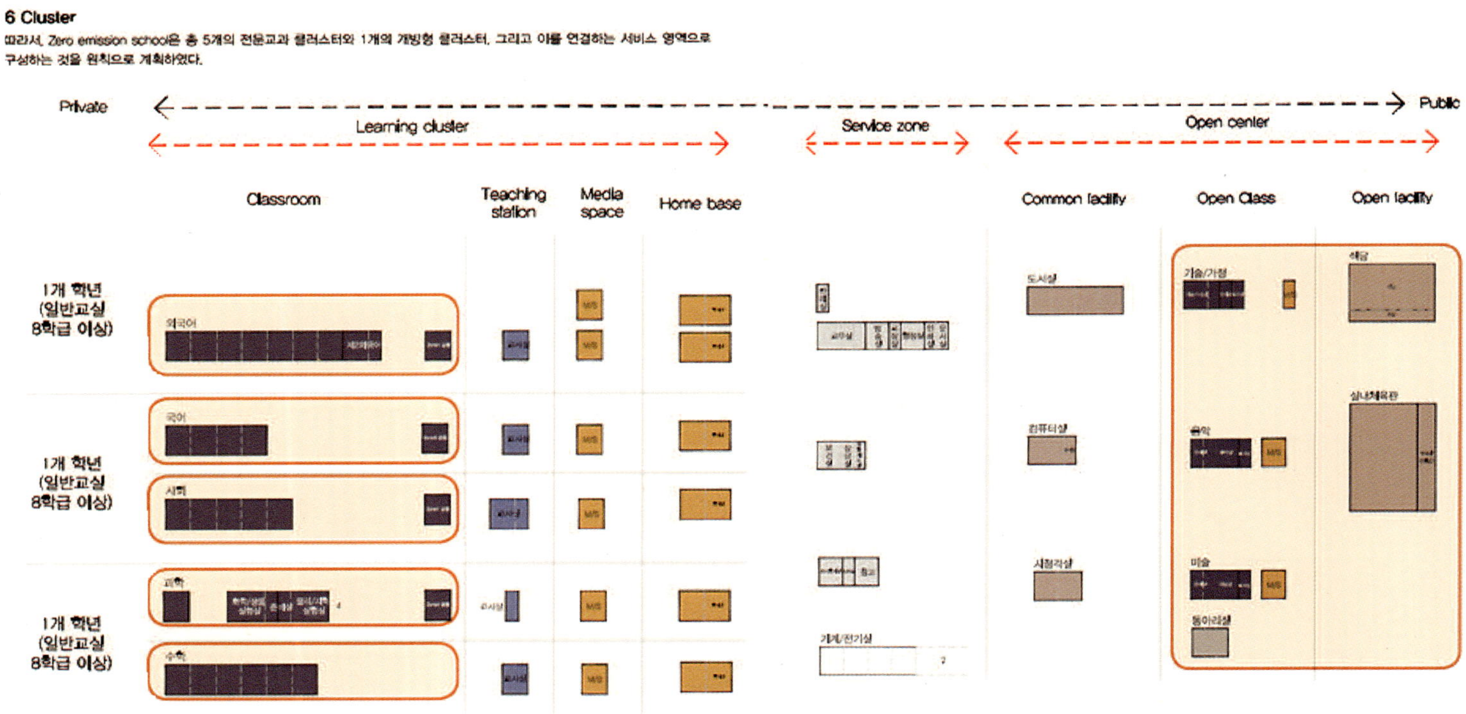

그림 5.3 평면도와 배치도의 조합 사례

각 기능공간의 크기를 모듈화 하고 관련 공간으로 그룹핑하여 기능별 mass를 가늠할 수 있게 보여준다.(충북혁신도시 고등학교, 2013, ⓒ Dmp 종합건축사무소)

평면과 배치도의 조합은 배치계획에서 고려한 사항들을 점검할 수 있으며, 특히 진출입동선의 배려, 건축물의 방위(향)에 대한 내용, 인접건물 또는 환경과의 관계 등을 확인하고 이에 적합한 평면계획을 할 수 있게 해준다.

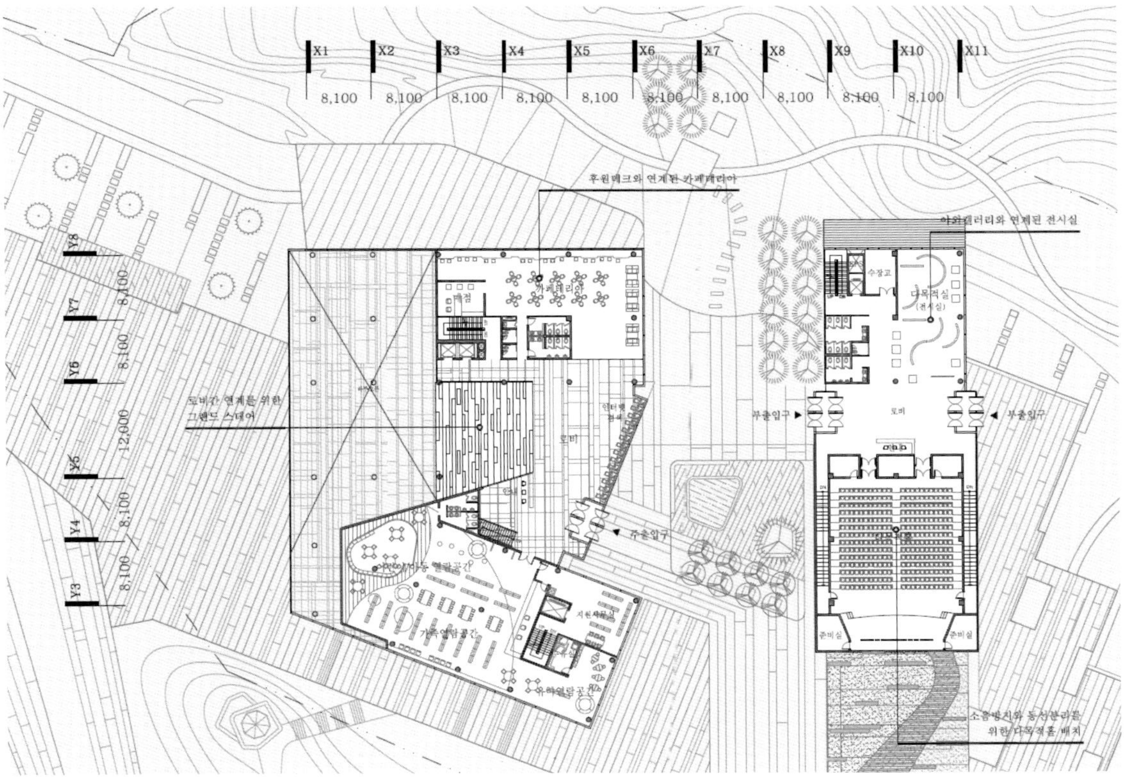

그림 5.4 평면도와 배치도의 조합 사례

외부공간과 내부공간의 연결과 환경에 대한 이해가 용이하도록 도면이 작성되었다.(원주도서관, 2011, ⓒ 시아플랜)

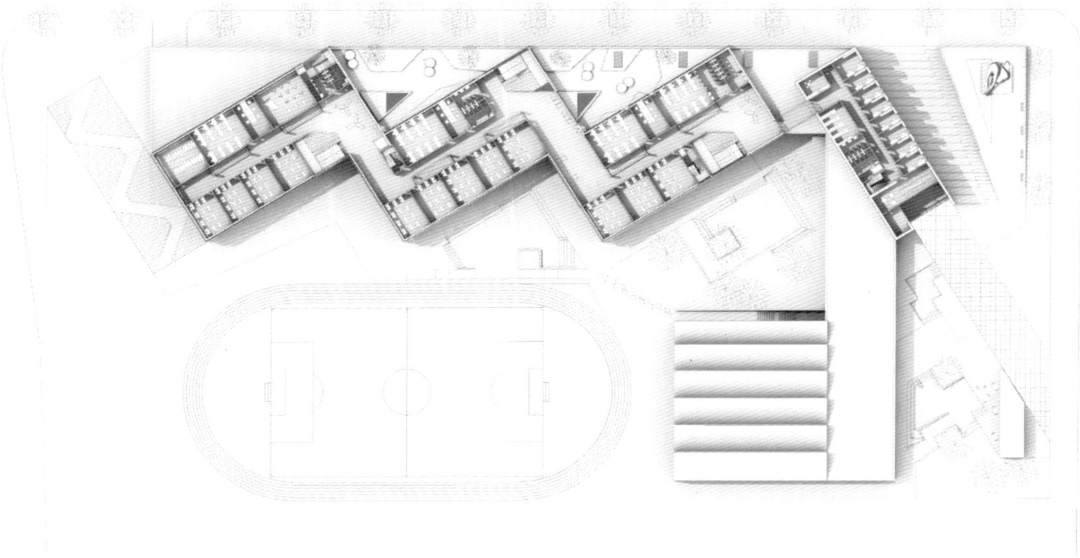

그림 5.5 평면도와 배치도의 조합사례(1층)

기능실 공간과 이를 연결하는 복도, 계단 공간을 음영을 이용하여 구분하여 2차원 표현이지만 입체감을 갖도록 표현하였다.(하계중학교, 2014, © Pavel Fajfr I Tomášš Cirmaciu)

그림 5.6 평면도와 배치도의 조합사례(지하 1층)

(하계중학교, 2014, © Pavel Fajfr | Tomášš Cirmaciu)

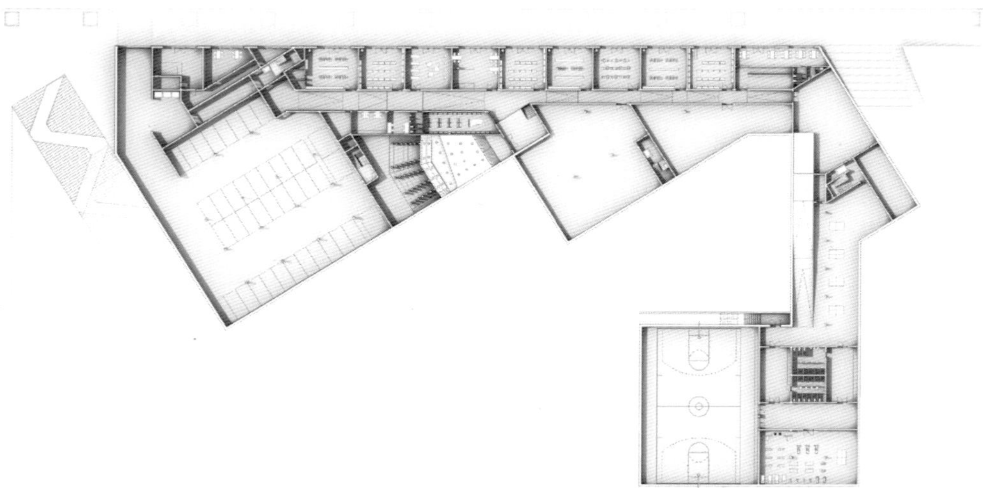

평면도의 작도(Floor Plan Drawing)

평면도는 정북방향을 도면작성 방향의 위쪽으로 함을 원칙으로 한다. 단, 시설물이나 시설물 주변 현황을 고려하여 다른 방향으로 배치할 수 있다.

(1) 각 층별 평면은 각실의 용도 및 면적, 기둥 · 벽 · 창문의 위치, 방화구획 및 방화문의 위치, 복도 직통계단 · 피난계단 또는 특별피난계단의 위치 및 치수, 비상용승강기 · 승용승강기의 위치 및 치수 파이프덕트 등 단위세대구획 건축물의 중심선 및 외곽선, 출입구 위치, 발코니 등의 위치를 나타낸다.

(2) 단위세대평면은 단위세대기준점 R.P점, 모듈격자 기준선으로 표시한다.

(3) 평면도는 해당 층 바닥에서부터 1.5m 높이에서 아랫방향으로 내려 본 상태를 표현한 도면으로서 평면의 구획, 각실의 출입관계, 재료의 구성상태, 개구부 등의 관련 사항을 표현하기 위한 도면이다.

(4) 세부적인 표현이 필요한 부분은 확대평면도를 작성하여 표기한다.

(5) 창호의 부호표기는 창호부호도를 작성하여 표기하는 것을 원칙으로 한다.

(6) 방화구획 등의 구획을 표기하고자 하는 경우 기둥중심선을 따라 일점쇄선으로 표기한다.

(7) 실명표기는 각실의 중앙에 표기하는 것을 원칙으로 한다. 그러나 부득이한 경우에는 인출선을 이용하여 다른 위치에 표기할 수 있다.

평면도에 포함되어야 하는 도면 요소는 다음과 같다.

- 기둥 위치 : 버블 표시(가로는 숫자, 세로는 영어대문자가 일반적임)
- 벽체 : 벽체의 두께와 재료 표기(도면의 축척에 따라 표현상세가 다름)
- 개구부, 돌출부의 표시 : 창호 및 개구부, 발코니, 데크 등
- 치수선 : 큰 치수부터 작은 치수로 안쪽으로 표기(숫자는 치수선 위 또는 왼쪽에 기입)

평면요소의 표기

- 계단, 경사로 등의 수직동선의 표기(1.5m 높이에서 절취)
- 창호개폐방식, 방화셔터(점선으로 표시)
- 단면절취선
- 실명 및 실의 면적
- 위생기기 및 바닥의 재질(타일 등)
- 가구 등의 배치
- 바닥/천장의 변화 : 상부 캐노피선, 상하부 슬래브 오픈, 천장의 높이 변화 등 보이지 않는 부분은 점선으로 표기
- 배관 공간 : PD, AD, EPS, 굴뚝, DA 등 표기
- 실내정원 등 조경요소 표기

1. 주열번호

(1) 주열은 주요 구조(기중, 벽체)의 중심 간격에 적용한다.

(2) 가로주열과 세로주열이 구분된 주열번호는 다음과 같이 부여한다.

A타입 : 가로 1, 2, 3 ... 세로 A, B, C ... (I와 O는 사용하지 않는다)

B타입 : 가로 X1, X2, X3... 세로 Y1, Y2, Y3 ...

(3) 가로 주열번호는 왼쪽에서 오른쪽 방향으로, 세로 주열번호는 아래에서 위 방향으로 부여한다. 이때 세로 주열번호의 문자는 시계반대방향으로 90도 회전하여 표기한다.

(4) 주열번호는 평면의 경우 도면 위쪽과 왼쪽에, 입단면의 경우 도면 위쪽에 표현함을 원칙으로 한다.

(5) 주열 사이에 보조열이 필요할 때는 앞 주열번호에 -1, -2를 추가하고, 추가된 문자의 크기는 본래 주열번호의 0.6배 크기로 한다.

(6) 주열을 구성하는 원의 크기는 지름 12mm 를 기준으로 한다.

2. 기준선

(1) 기준선은 주열 및 보조열에 따라 1점 긴 쇄선으로 표현한다.

(2) 기준선의 간격을 나타낼 수 있도록 치수선을 표현할 경우 치수값은 1,000단위마다 구분자를 콤마(,)로 표기한다.

참고 : 주열(기둥 기준선) 번호 및 기준선[1)]

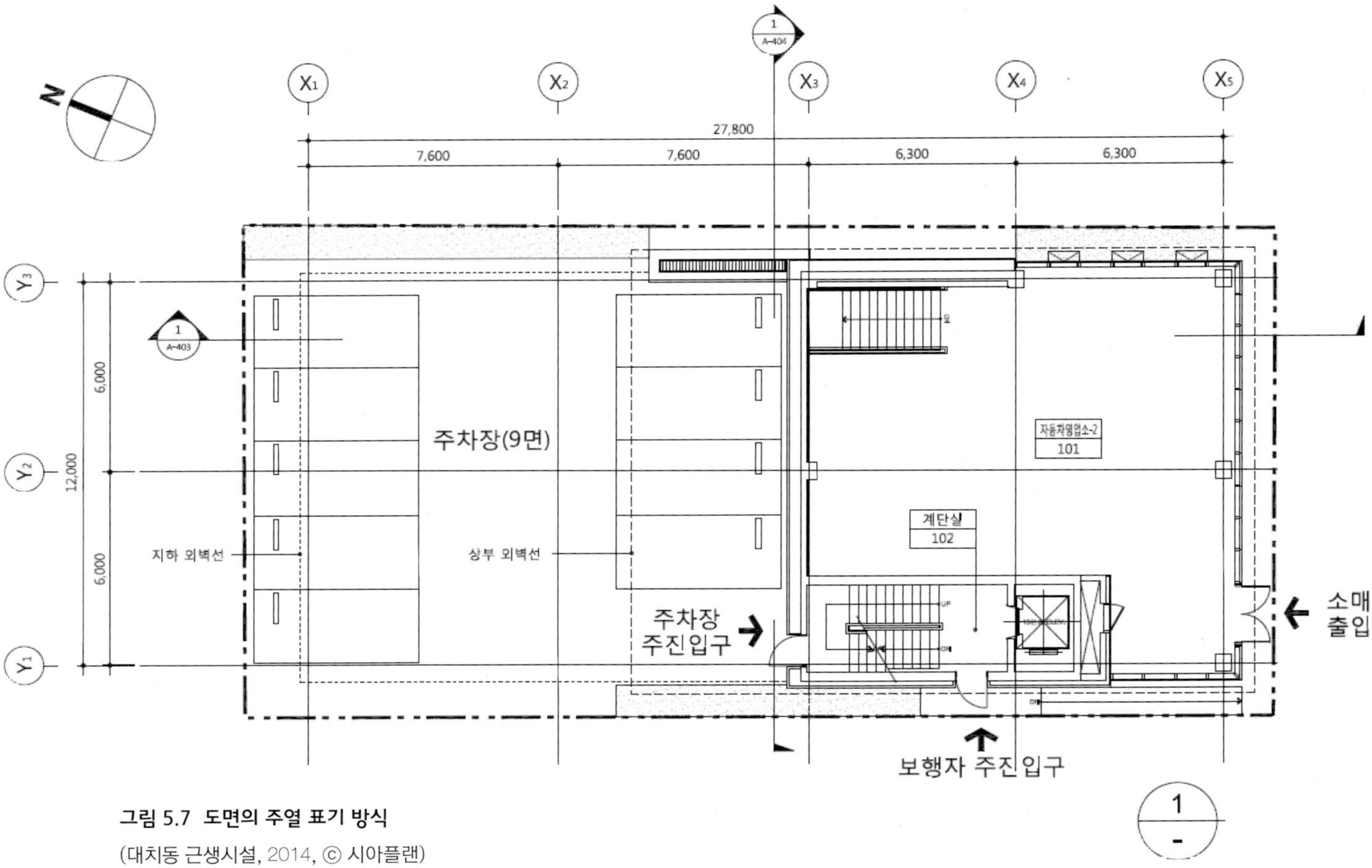

그림 5.7 도면의 주열 표기 방식

(대치동 근생시설, 2014, ⓒ 시아플랜)

1) 건축도면 공동 표준화지침 v1.1, 건축가협회, 2006.9.1. pp.51~52

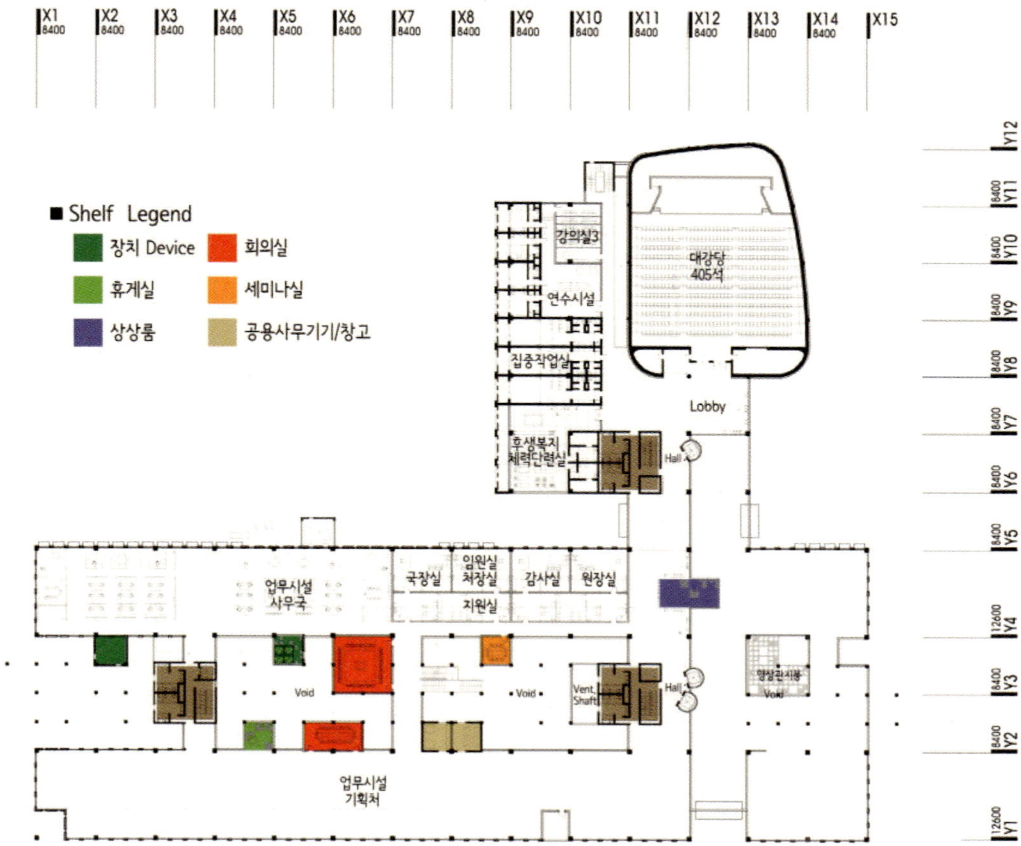

그림 5.8 주열 표기 사례

이형의 평면에서도 주열을 정렬하여 가독성과 그리드 개념을 부여하는 주열 표기방식을 보여주고 있다.(한국교육개발원 설계, 두오건축사사무소, 2011, ⓒ 신을식)

요소별 평면계획(Floor Plan Elements)

평면계획은 직접적으로 건축물의 기능을 수용하는 계획이므로 사용자 및 관리자 관점에서 평가되고 계획되어야 한다. 또한 경제성 측면을 고려해야 하며, 이는 그리드계획 등을 이용한 구조적 경제성, 사용자의 인접 기능을 인접 배치함에 따른 사용 효율성, 관리적 측면에서의 경제적 효율성을 검토하여야 한다.

그리드계획

- 구조 그리드는 평면의 모듈 배수로 계획하는 것이 용이하다.
- 주택의 경우 30cm의 모듈을 사용하게 되면 가구, 창호 등의 계획에 대응이 용이하다.

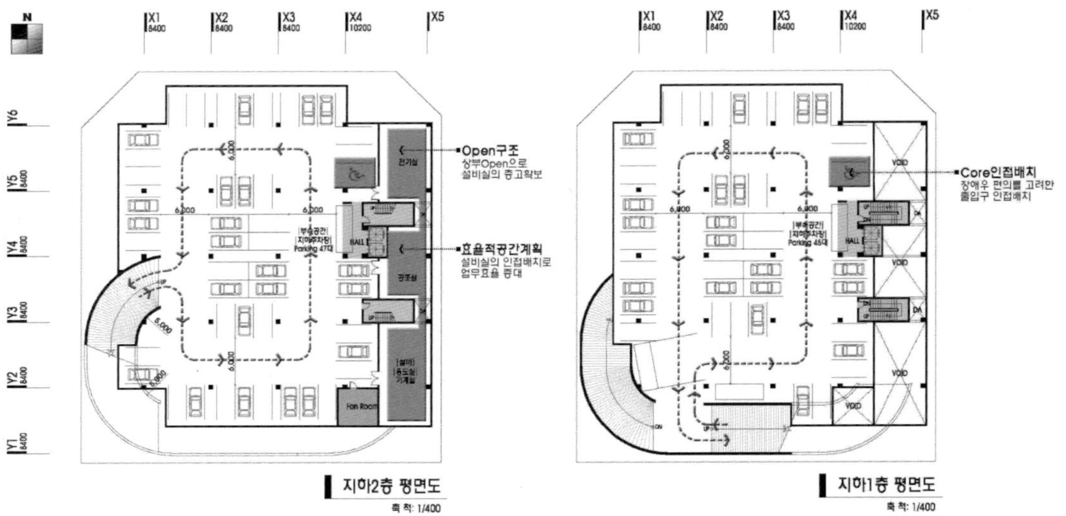

그림 5.9 그리드 계획

지하주차장의 효율적 주차를 고려한 그리드계획의 사례(KEPCO 서인천지점 , 두오건축사사무소, 2011, © 신을식)

■ 기둥과 내력벽의 간격은 지하주차장 등의 하부 계획에 영향을 미치므로 주차장 계획 등을 고려하여 배치한다. (예를 들어 주차공간 계획을 위해서는 3대의 차량을 한 경간에 배치할 때 필요한 너비는 2.5미터×3대+기둥넓이가 된다.)

■ 그리드를 이용하게 되면 형태가 경직될 수 있으므로 그리드를 변형하여 자유로운 형태의 디자인을 시도할 수 있다.

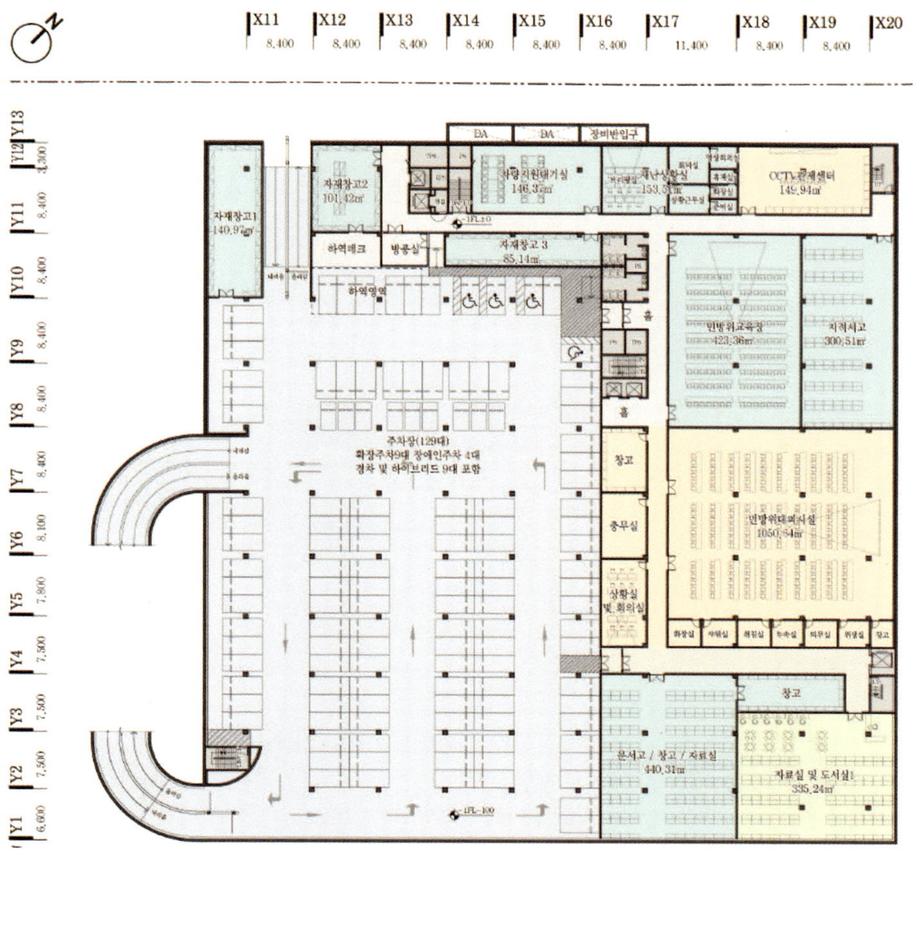

그림 5.10 그리드계획

규모가 큰 지하주차장에 2개의 램프를 배치한 지하주차장과 실내 기능공간을 지하에 배치한 그리드계획의 사례, 중앙의 코어와 북측의 코어도 그리드 계획에 맞추어 정렬된 것을 볼 수 있다. (춘천시청사 계획안, 해안건축, 2015, ⓒ 해안건축)

동선계획

- 평면계획에서 가장 중요한 것은 각 기능공간들이 효율적으로 연결될 수 있도록 적절한 동선계획을 구성하는 것이다.
- 이를 위해 유사한 기능과 관련된 시설은 인접 배치하는 공간의 연결계획이 필요하며, 방문자와 근무자의 적절한 동선 분리를 통해 이용의 편의성과 안전을 도모할 수 있다.

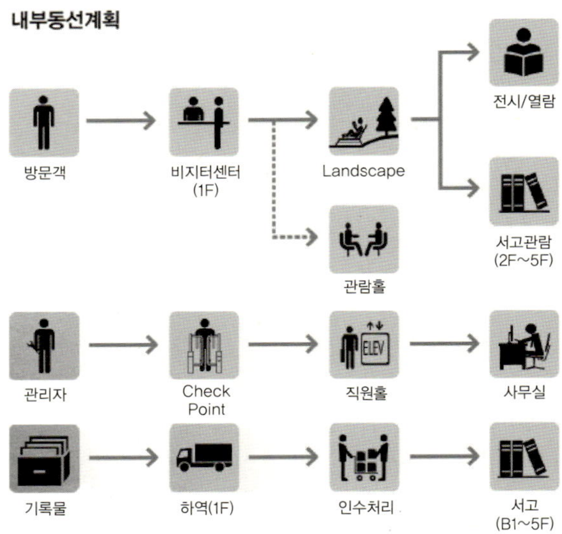

그림 5.11 시설 이용 프로세스 계획

방문자와 근무자의 동선을 기능적으로 분리한 기록원 시설의 동선계획 사례. 명확하고 효율적인 동선 분리를 통해 기록물의 안전한 보관과 편리한 열람이 가능하도록 계획하였다.
(서울기록원 계획안, 해안건축, 2015, ⓒ 해안건축)

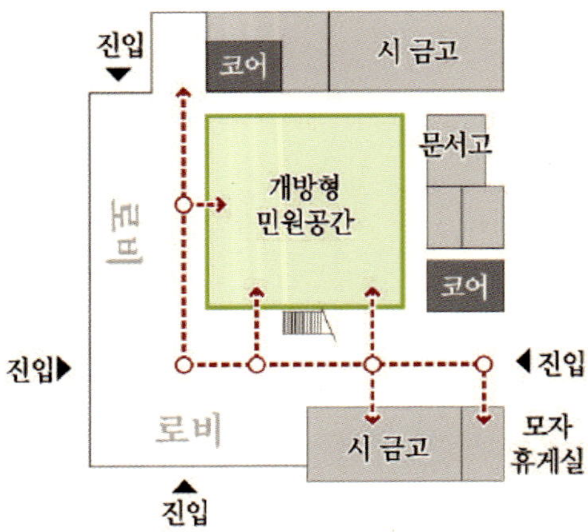

그림 5.12 이용자 동선 계획과 실배치 사례

시청사의 민원인 방문 동선계획을 중심으로 평면계획을 진행한 사례
(춘천 시청사 계획안, 해안건축, 2015, ⓒ 해안건축)

코어계획

평면계획에서 코어계획은 수직동선의 확보, 배관공간, 이와 연계된 화장실 등 습식 공간의 집중화 등의 기능을 해결해야 한다. 따라서 가능한 코어계획은 각 관련 공간을 모아 집중시키거나 2~3개로 분산하여 배치한다. 건축물의 이용자가 코어를 쉽게 찾을 수 있도록 공간을 배려하는 것도 중요하다.

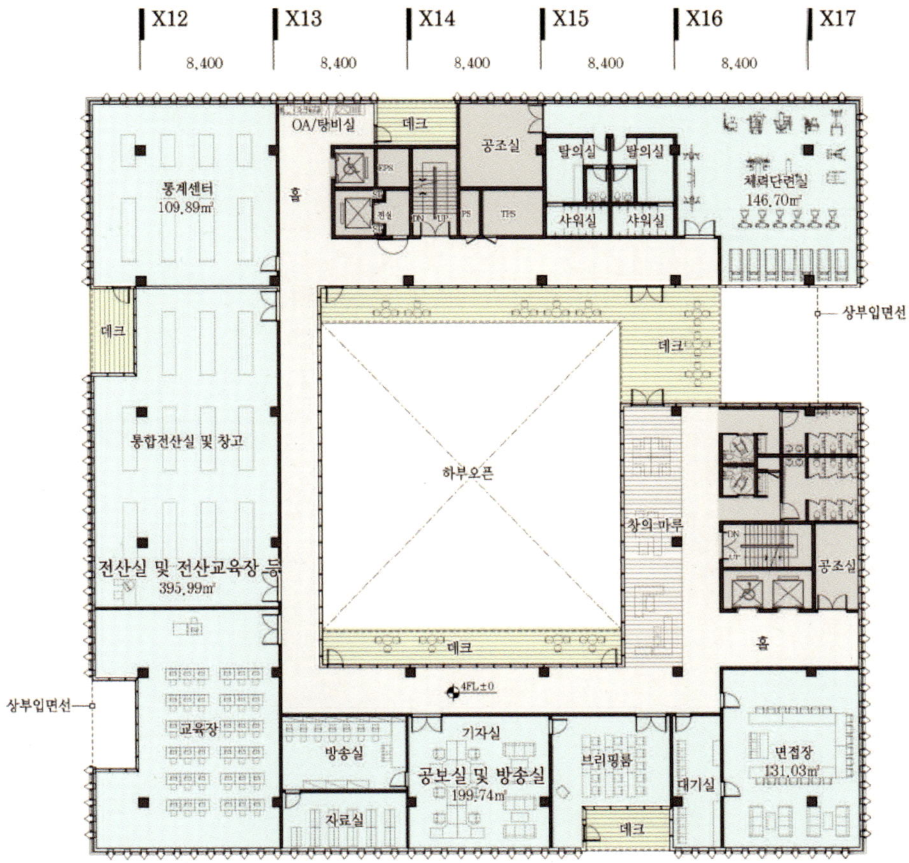

그림 5.13 코어 계획

엘리베이터와 비상계단으로 구성된 코어의 사례, 수직동선과 화장실이 집중 배치되어 있는 것을 볼 수 있다. 또한 평면 상부에는 화물용 수직 동선이 별도로 마련되어 있다.(춘천시청사 현상설계, 해안건축, 2015, © 해안건축)

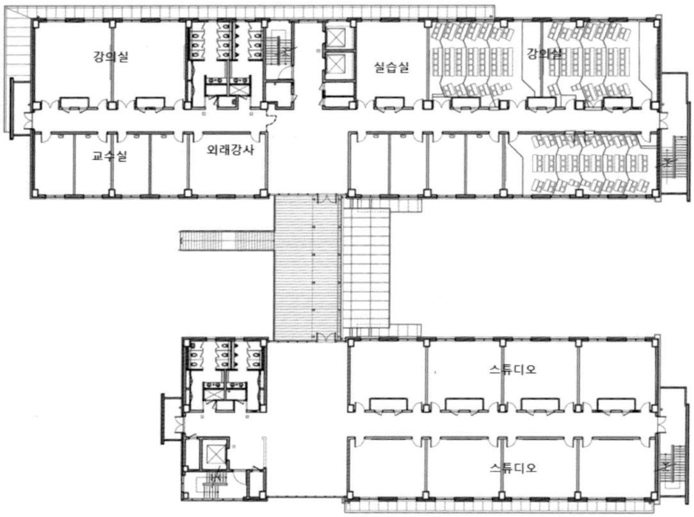

그림 5.14 코어계획

건물의 길이에 따라 코어의 위치가 중앙에 위치하거나 건물의 동선이 짧은 경우에는 한편에 치우쳐진 코어를 사용하는 경우도 있다.(서울과학기술대학교 무궁관, 간삼건축사사무소, 2012, ⓒ 간삼건축사사무소)

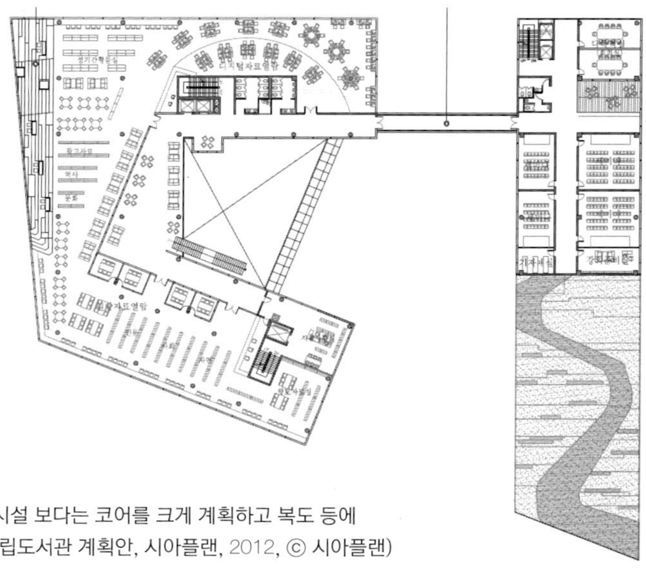

그림 5.15 코어계획

도서관 같은 공공시설의 경우 코어는 일반 업무시설 보다는 코어를 크게 계획하고 복도 등에 면하게 하여 인지성을 높일 필요가 있다.(원주시립도서관 계획안, 시아플랜, 2012, ⓒ 시아플랜)

가변성 계획

평면계획은 기능의 변화와 다용도적인 활용을 위해 가변적으로 계획할 필요가 있다. 이를 위해 코어와 수직 배관이 필요한 화장실 등을 제외한 다른 공간을 가변적으로 설계할 수 있다. 이때 구조적으로도 같이 고려하여 무주공간을 구성하거나 비내력벽의 경우 이동가능한 벽체를 사용하는 등 다양한 계획기법을 사용할 수 있다.

■ Base

■ 1개 ZONE의 Open Plan

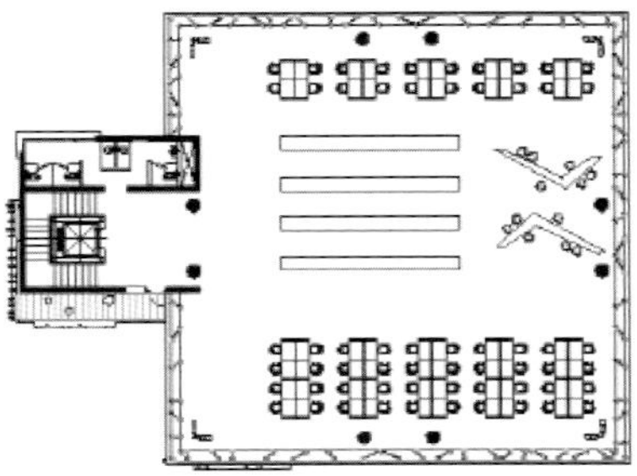

■ Case 1

■ 2개 ZONE의 Open Plan

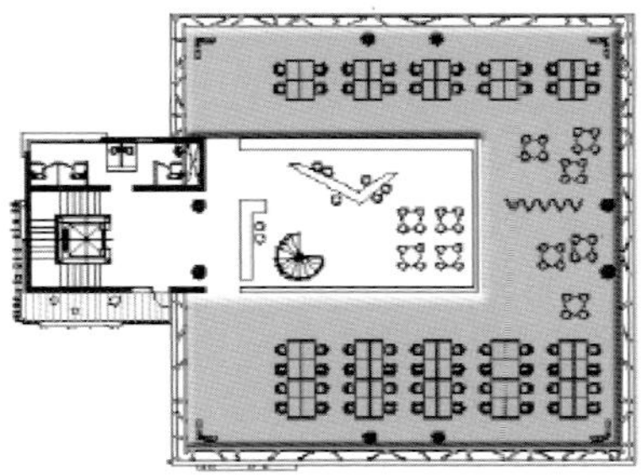

■ Case 2

■ 복도식 ZONE

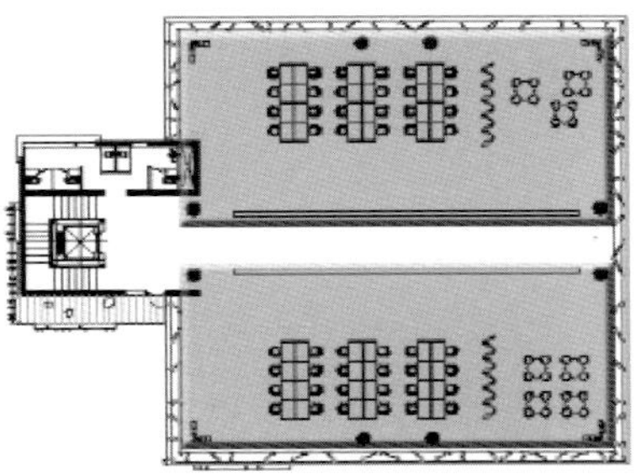

■ Case 3

■ 기능별 ZONE

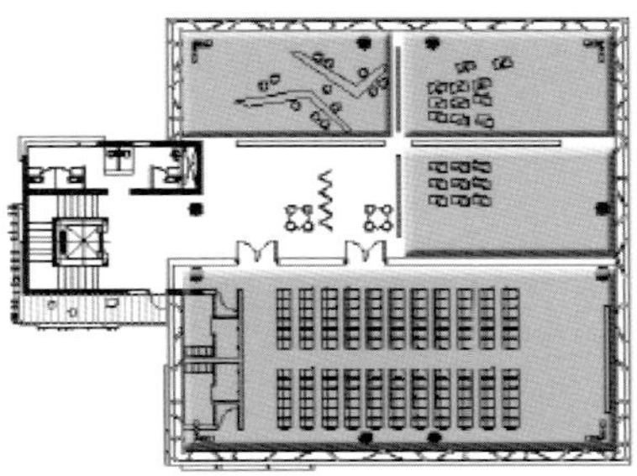

그림 5.16 가변적인 공간구성 사례
소규모 업무시설의 경우 TYPICAL PLAN에는 벽체를 설계하지 않고 용도의 변화에 따라 공간구획을 설정할 수 있게 하여 공간의 효율성을 극대화 할 수 있다.(수유1동 복합청사 신축 설계, 두오건축사사무소, 2008, ⓒ 신을식)

개별실 계획

개별실을 계획하는 경우 업무의 특성에 맞는 가구 배치를 고려해야 한다. 이때 수용해야 할 인원과 기능에 따라 각 실의 가로, 세로 넓이가 결정된다.

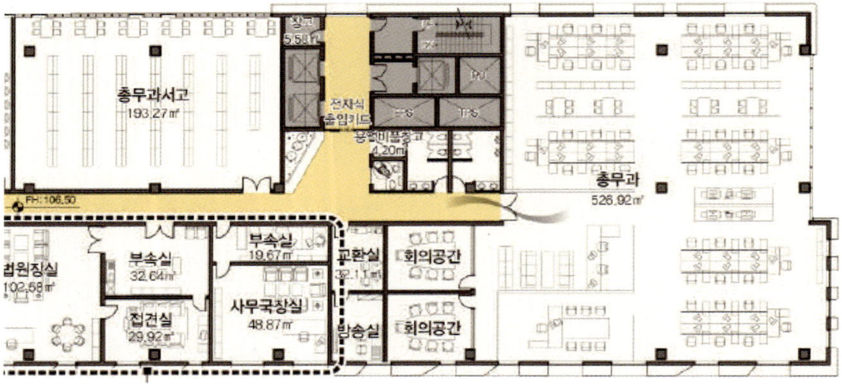

그림 5.17 업무시설의 공간계획

대형 사무실과 이에 부속된 회의실의 배치를 찾아 볼 수 있다. 또한 개인이 사용하는 사무실과 부속실, 접견실의 배치와 상관관계를 볼 수 있다.(수원법원청사 현상설계, 행림종합건축사사무소, 2012, ⓒ 행림종합건축사사무소)

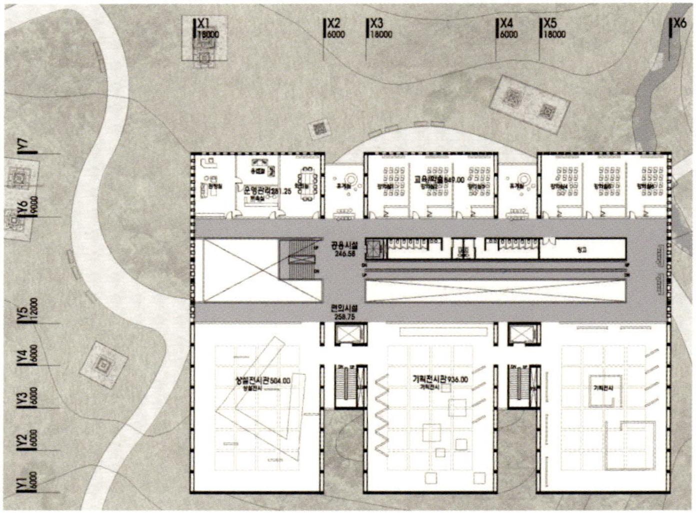

그림 5.18 문화전시시설의 공간계획

남측 전시공간과 북측 개별실들이 중앙의 코어와 아트리움을 경계로 구분되어 있다.(한글박물관 계획안, 두오건축사사무소, 2010, ⓒ 신을식)

접근성(barrier free) 계획

건축물 내에서 장애의 유무와 관계 없이 자유로운 이동을 위한 계획이 중요하다. 두 대의 휠체어가 교차하기 위해서는 유효폭 1,800㎜ 이상의 복도가 필요하고 2실 이상이 연결된 경우 복도의 폭은 2m가 권장된다. 건축물의 기능에 따른 이동 행태를 고려하여 계획된 단순하고, 쉽게 이해할 수 있는 레이아웃은 건축물 내의 이동을 쉽게 만들어 준다.

특히 장애인을 위한 동선계획에서는 일상적인 차별성이 없는가를 확인해야 하며, 피난 시 최적화된 경로로 대피할 수 있는 방법을 고려하여야 한다.

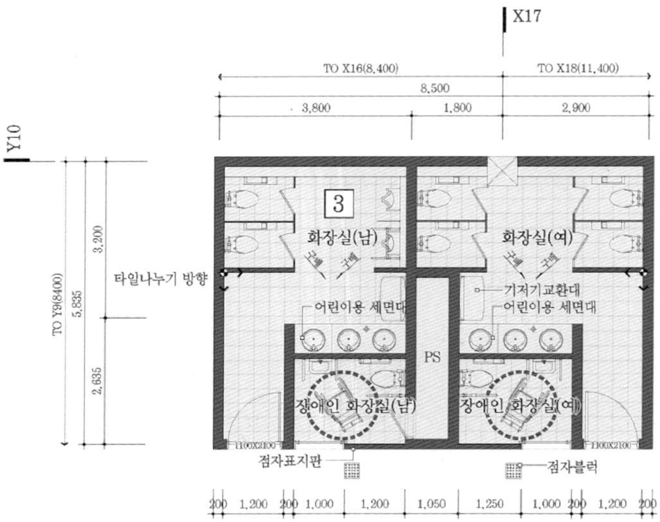

그림 5.19 장애인 화장실을 포함한 화장실 설계 사례

춘천시청사 현상설계, 해안건축, 2015, © 해안건축

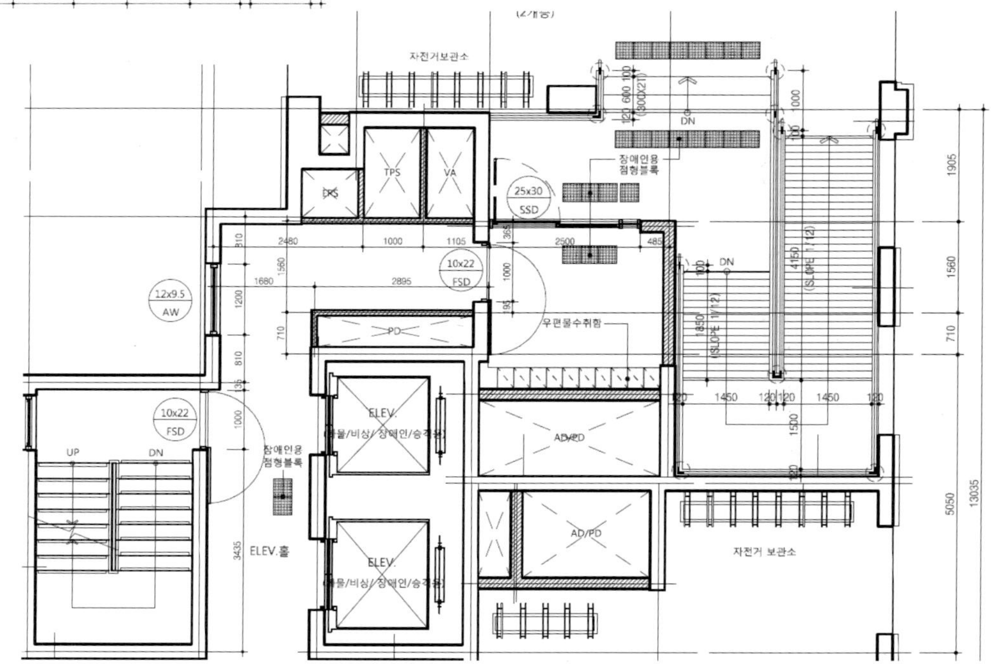

그림 5.20 장애인의 진입을 고려한 경사로

공동주택의 코어에 진입하기 위한 계단과 함께 설치되는 경사로의 사례, 1/12의 경사도를 갖고 있으며 바닥은 조면처리하여 미끄러짐을 방지하였다.(파주운정지구 공동주택 설계, ANU디자인그룹건축사사무소, 2015, © ANU디자인그룹건축사사무소)

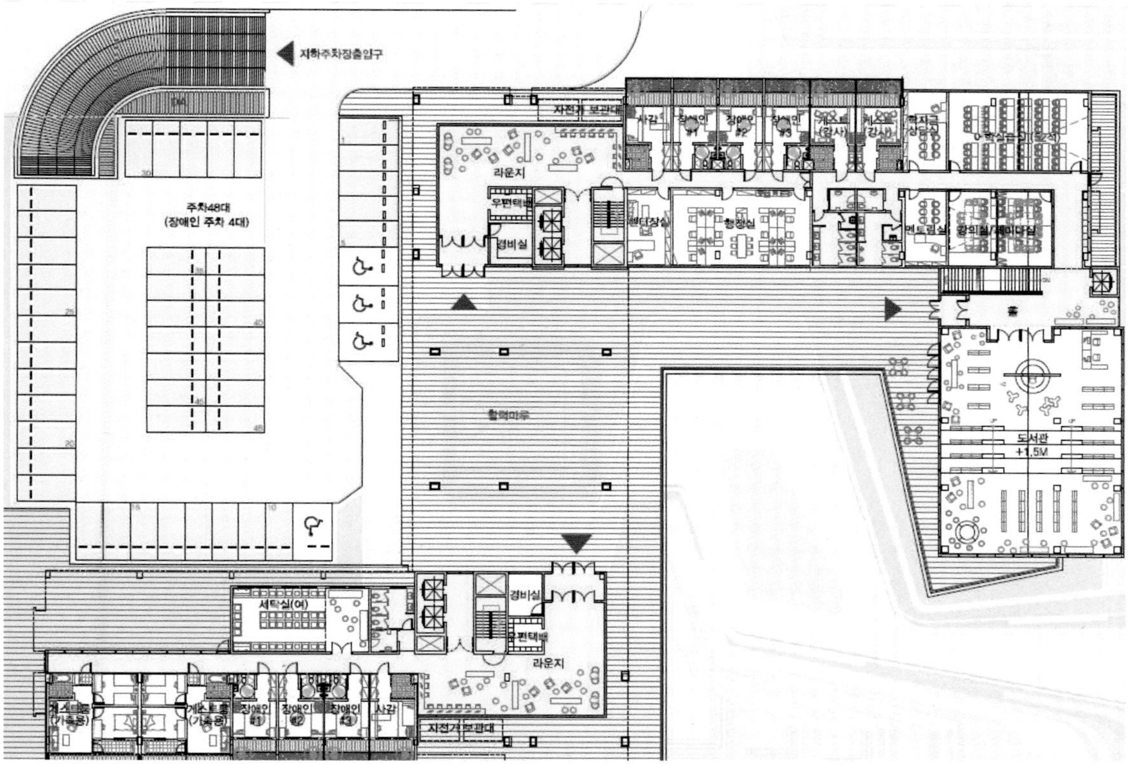

그림 5.21 장애인 동선 계획

장애인 주차구역은 출입구에서 가까운 곳에 위치시키고 휠체어 등으로 이동하기 적절한 경로 및 경사로 등을 확보하여야 한다. 또한 공공시설의 경우 주출입 공간에 자동으로 열리는 문 등을 설치하여 장애인의 진출입에 불편함이 없도록 해야 한다.(은평 대학생 연합기숙사 계획안, 시아플랜, 2014, © 시아플랜)

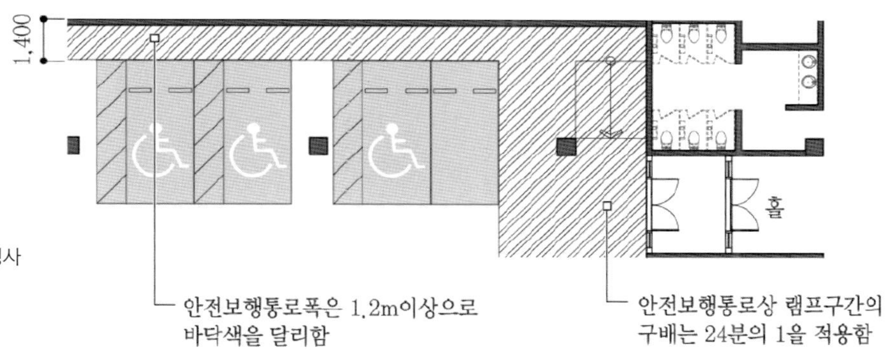

그림 5.22 장애인 주차 동선 계획

장애인 주차와 코어 연결 안전보행통로 확보의 사례(춘천시청사 계획안, 해안건축, 2015, © 해안건축)

출입구 계획

출입구 계획은 건축물 사용자의 진출입 편의성과 비상시 피난의 용이성을 고려하여 설계되어야 한다. 외부환경과 직접 면하는 주출입구의 경우는 실내환경을 유지하는 데 적합한 회전문, 이중문 등의 장치를 고려하여야 한다.

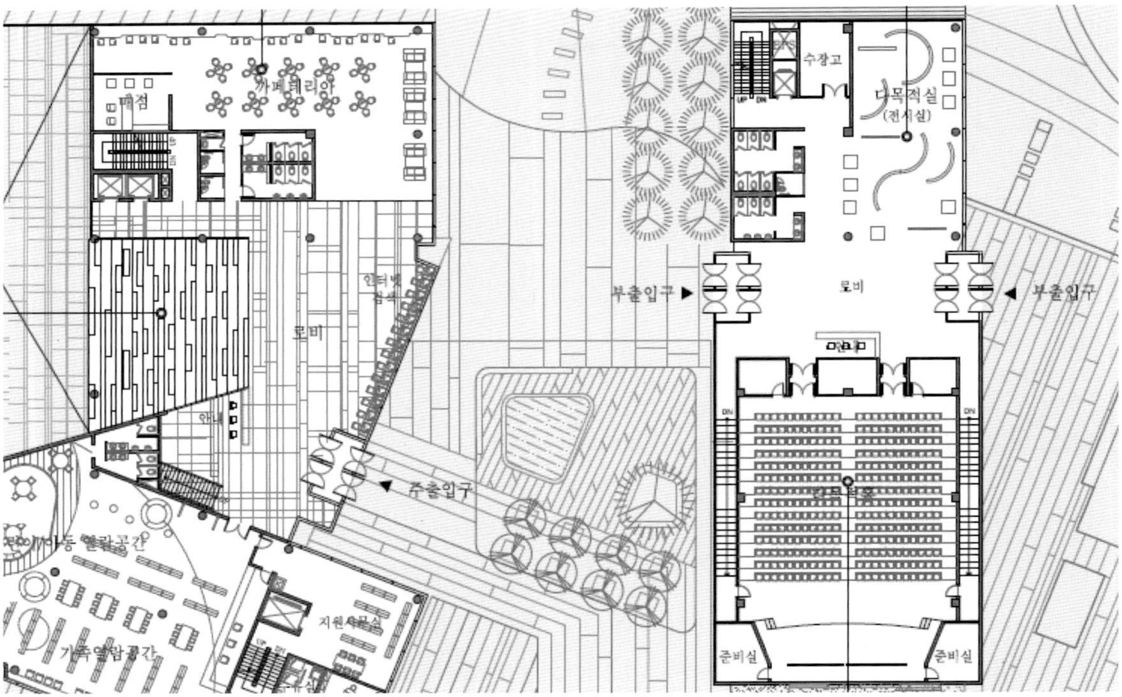

그림 5.23 출입구 계획

도서관의 출입구를 광장을 중심으로 도서관 주동과 강연동으로 나누어 주출입구와 부출입구를 형성하였다. 적절한 기후 조절을 위한 회전문과 이중문을 설치하였다.(원주시립도서관 계획안, 시아플랜, 2012, © 시아플랜)

이용자들이 많은 건축물의 경우 진출입자들을 위한 적절한 면적의 홀이나 로비공간을 확보하여야 한다. 출입구 외부의 경우에는 캐노피 등을 설치하여 비나 눈을 피하여 드나들 수 있는 공간을 확보하여야 한다.

그림 5.24 캐노피 계획

기능과 조형적 이미지를 고려한 학교 건축물의 캐노피 사례(Lynnwood High School Designed by Bassetti Architects, 2009, © JW KIM)

CPTED 계획

CPTED(Crime Prevention Through Environmental Design) 환경설계를 통해 범죄를 예방하는 기법을 말한다. CPTED는 도시나 단지 규모의 차원에서도 시행이 가능하나 건축물의 평면계획에서도 고려해야 할 설계기법이다. 특히 초등학교 등의 교육시설과 다수의 이용자가 사용하는 공공건축에서는 매우 중요한 설계의 관점이 될 수 있다.

적절한 CPTED 설계를 위해서는 자연스러운 관찰 시선을 배려할 수 있는 평면적 고려를 검토하여야 한다. 예를 들어 초등학교 출입 로비에 교무실을 면하게 배치하고 교무실의 벽면이나 출입문을 유리재질로 설계하여 출입자들을 교무실에서 근무하는 교사나 직원이 자연스럽게 살펴볼 수 있게 하는 방법이 있을 수 있다. 또한 출입문의 개수도 통제 및 관리가 가능한 적절한 개수로 조절하는 것도 기본적인 CPTED 설계기법이라 할 수 있다.

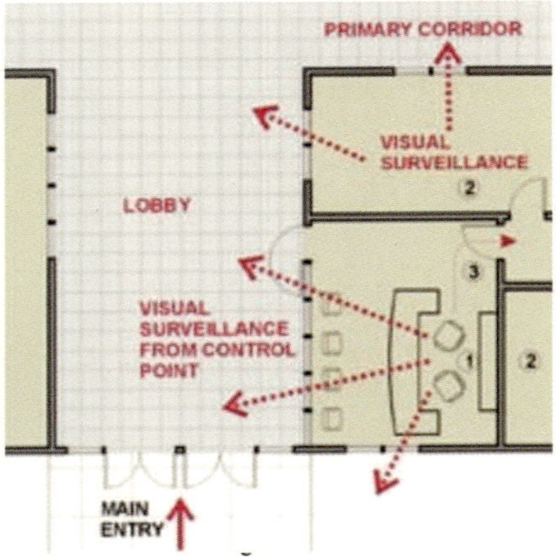

그림 5.25 학교 행정실의 CPTED **자연감시 계획**

학교 출입문에 인접하여 실내·외를 관찰할 수 있는 행정실을 배치하여 자연감시 기능을 설정하고 있다.(MS Future School Philadelphia, ⓒ JW KIM)

융통성 있는 계획

건축물은 사용하는 시기나 이용자의 변화에 적응할 수 있어야 한다. 이를 위해 평면계획에서도 사용요구에 대응하는 변화있는 평면계획이 필요하다. 이 경우 특정실에 가변형 칸막이를 사용하여 실을 분화하거나 여러 실을 합쳐 대형공간을 만드는 것이 가능하다. 또한 적절한 층고와 코어와의 거리 등을 고려하여 이용자의 불편함이 없도록 하는 것이 중요하다.

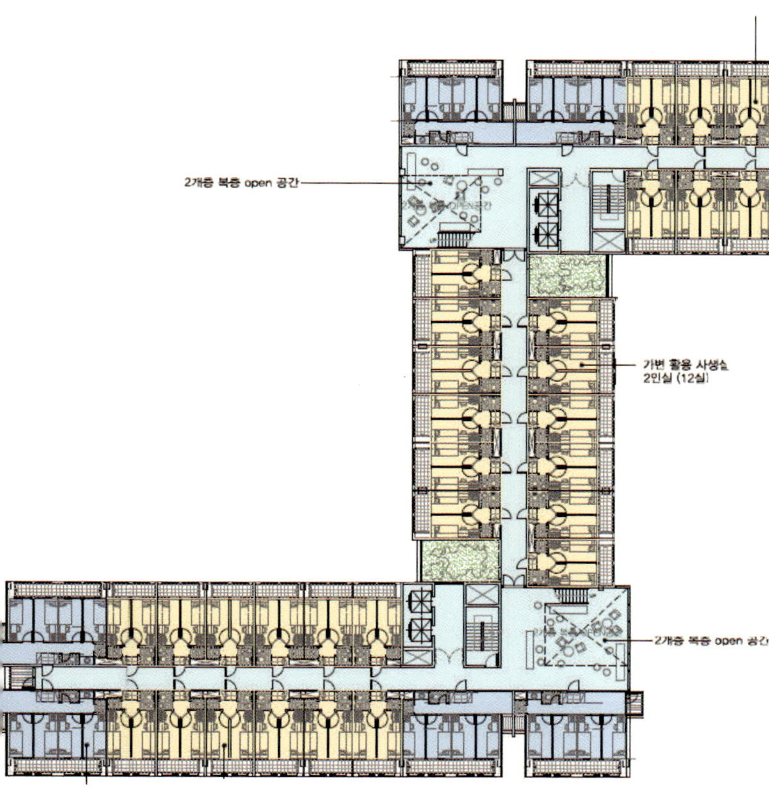

그림 5.26 융통성 계획

기숙사의 남녀학생 비율 변화에 대응하기 위하여 두 개의 동을 연결하는 저층부 복도 양쪽에 개폐가 가능한 문을 달아 가변적으로 남녀 영역을 설정할 수 있게 배려하였다.(은평 대학생 연합기숙사 계획안, 시아플랜 2014, ⓒ 시아플랜)

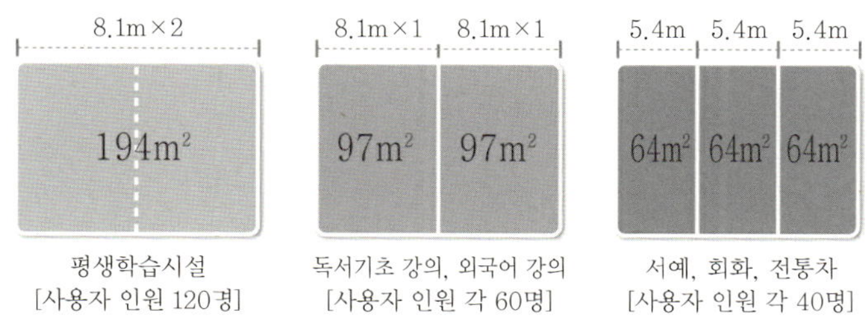

그림 5.27 교실의 모듈 계획

1개의 학습공간을 2개, 3개 공간으로 분할하는 모듈을 계획할 수 있다. 이때 건축가는 구조, 창문, 공조시설의 모듈을 고려하여야 한다.

단면계획과 평면계획

평면계획은 단일 레벨에서만 고려하는 것이 아니라 각 층이 적층되는 것을 고려하여 입체적으로 작성되어야 한다. 이를 위해 아트리움, 복층공간, 스킵플로어, 경사로 등이 다양하게 평면에서 적용될 수 있다.

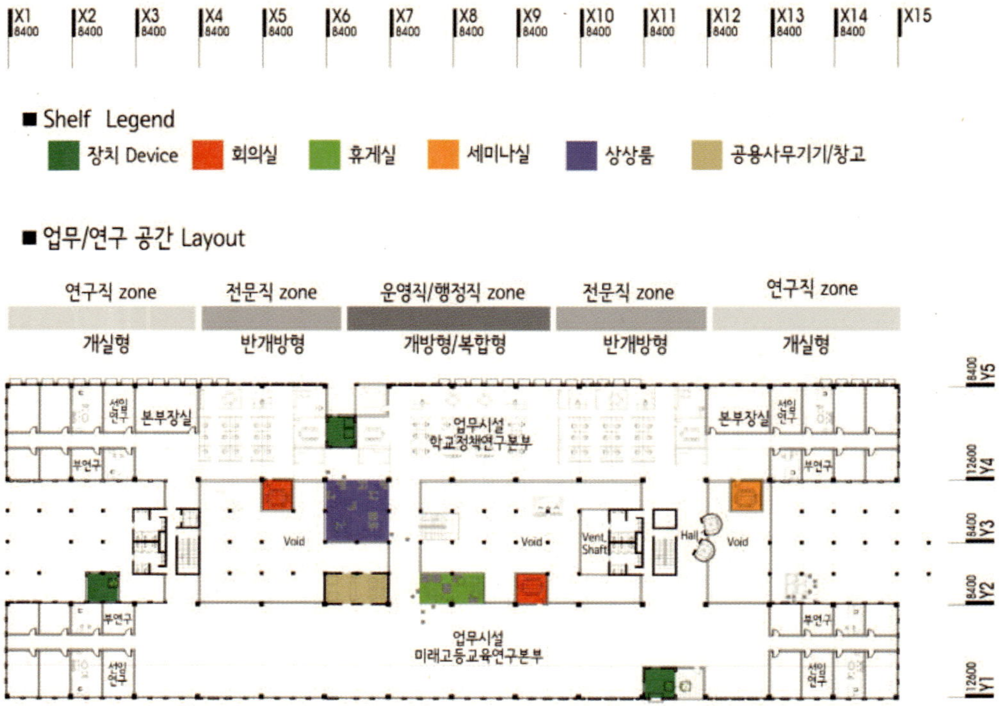

그림 5.28 다층 복합 평면 계획

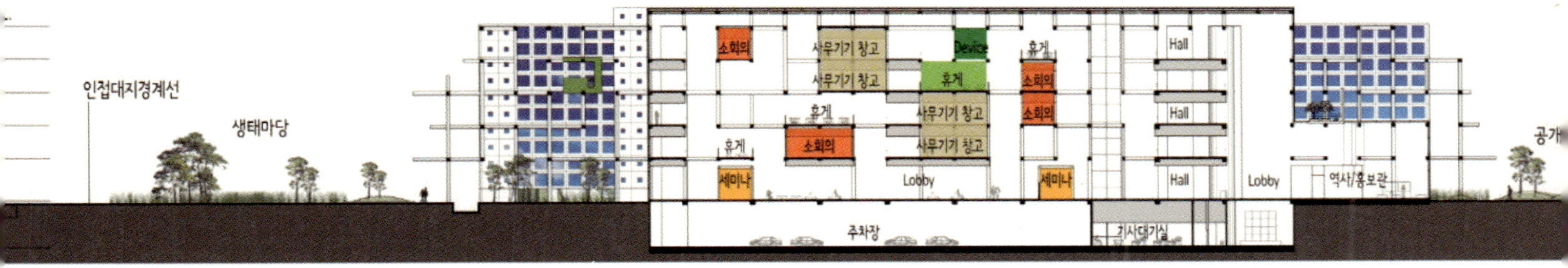

그림 5.29 다층 복합 단면 계획

단면계획과 평면계획을 복합적으로 고려하여 평면의 중앙에 아트리움을 배치하고 보이드 공간에 각종 이벤트 공간을 입체적으로 돌출시켜 복합적인 공간을 구성하고 있다.(한국교육개발원 설계, 두오건축사사무소, 2011, ⓒ 신을식)

chapter **6**

입 · 단면 설계

Elevation & Section Design

입·단면 설계

입·단면 설계는 건축계획물에 있어서 우리 눈 앞에 펼쳐 바로 보이는 것들의 설계로서 3차원 입체로서 나타나는 모든 건축형태와 공간의 설계를 의미한다. 배치 및 평면 설계와 동시에 표현되며, 건축물의 형태와 구성 공간의 성격 등을 드러내보임으로써 설계의도를 전달하는 중요한 역할을 한다. 평면 설계와 더불어 입·단면 설계를 통해 건축설계 내용의 특징과 성격이 뚜렷해지고 결정된다.

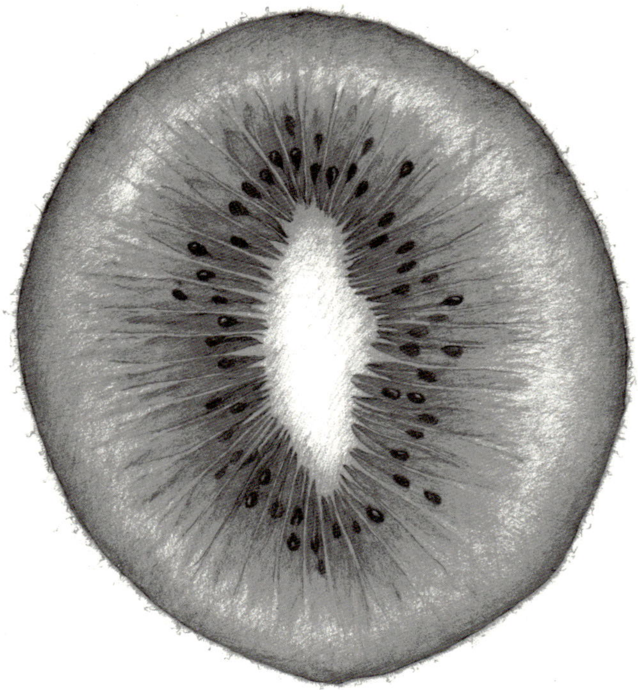

그림 6.1 단면도, 건축시각표현 단면의 성질 탐구

우리가 평소 알고 있는 자연물의 경우 일정한 절단면을 통해 볼 때 새로운 발견을 하게 된다. 키위는 과일을 이루는 여러 부위들로 구성되는데, 각기 다른 기능과 형성 구조, 그리고 구별되는 다른 재질감과 특징들이 놀라운 수준의 질서로 채워져 있다. 만약 이 과일이 누군가에 의해 설계된 창작물이라고 가정하면 설계자의 창의적 의도대로 어떤 기능을 수행하기 위해 구성된 복합적인 결과이고, 그것을 풀어 설명하기 위해서는 이러한 단면 모습을 통해서 가능할 것이며, 설계 단계에서도 유용한 도구가 된다.

입·단면 설계란?

우리가 필요로 하는 내·외부 공간의 계획과 설계를 위해서는 건축물의 대지 내 놓임새를 나타내는 배치계획과 각 공간의 수평적 구성을 나타내는 평면계획이 있어야 하고, 이와 더불어 건축물이 어떤 모습으로 서있고 그 공간들이 어떤 개성으로 어떻게 구성되어 있는지가 계획되어야 한다. 이 계획을 수행하는 것이 입·단면 설계이다. 입·단면 설계는 입면 설계와 단면설계를 한꺼번에 지칭하는 것으로서 원리적으로는 서로 같은 내용이라고 볼 수 있다. 입·단면설계는 우리가 고개를 똑바로 들고 쳐다볼 때 보이는 건축계획물의 측면 모습, 즉 건축물이 일어서 있는 모습이 어떻게 생겼는지 계획하는 설계이다. 건축물의 내용을 효과적으로 나타내기 위해 주요 부위가 잘려나간 상태를 보여주는 설계를 단면 설계로 본다면 그렇지 않은 경우를 입면 설계로 본다.

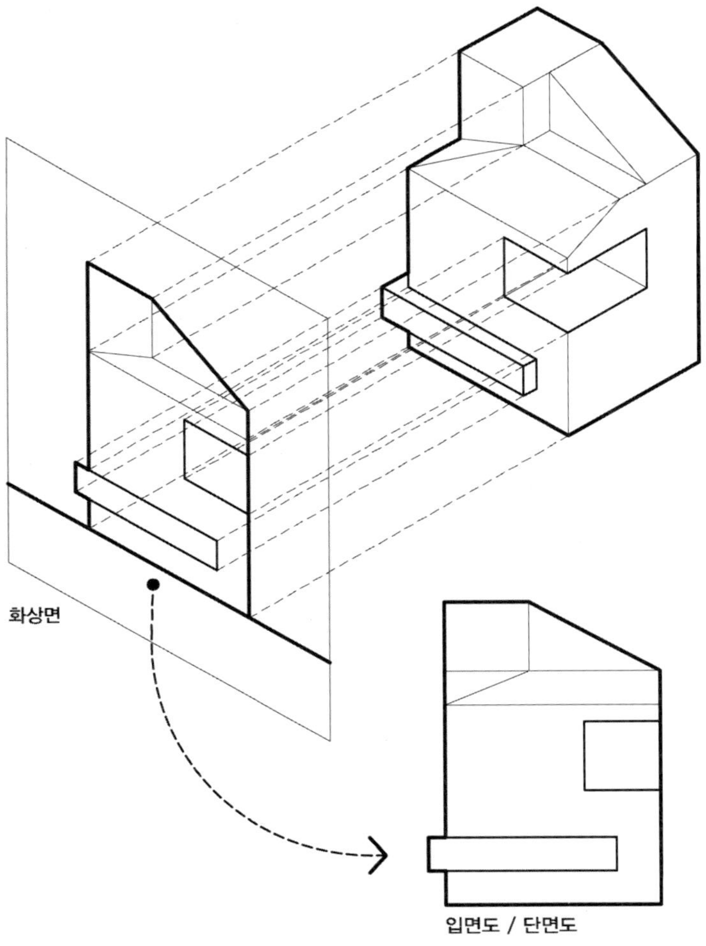

그림 6.2 입면도/ 단면도

입·단면 설계의 결과물인 입·단면도는 사물의 3차원 형태를 2차원 도면으로 단순화시킨 것이다. 실제 우리 눈에 보이는 것과 비슷한 결과를 얻지만, 화상면에 정투영된 결과이므로 사물이 시야에서 멀어짐에 따른 치수의 변화가 나타나지 않는다. 따라서 도면의 기법에 의하여 필요한 입체감을 표현해야 한다.

입·단면 설계를 나타내는 입·단면도는 계획물의 한 수직면을 수직 화상면과 평행한 위치에서 정투영하여 나타낸 도면이다. 이때 나타내려는 수직면이 한 면에 의하여 잘린 모습일 때 단면도가 되고 그렇지 않으면 입면도가 된다. 입면도와 단면도는 각각 건축설계의 중요한 결과물들이다. 예를 들어 도시맥락에서 건축물이 어떤 모습을 갖는지 보여주기 위해서는 입면도가 중요한 건축 개념 표현의 수단이 되고, 건축물 내부의 주요 공간의 느낌과 여러 공간들 간의 관계를 보여주기 위해서는 건축물의 일정 부위를 잘라내어 표현하는 단면도가 중요한 건축 개념 표현의 수단이 된다.

입·단면도는 설계의 진행단계에 따라 개념적인 부분이 주를 이루는 개념도에서부터 시공현장에서 쓰이는 실시도면에 이르기까지 그 용도와 발전단계에 따라 다양할 수 있다. 그러나 설계자의 입·단면 설계의 의도를 효과적으로 전달하고자 하는 역할은 공통적인 사항이다.

그림 6.3 단면도, 이준석 설계

입면 설계와 단면 설계를 함께 지칭하는 입·단면 설계를 각각 표현하는 입면도와 단면도의 원리는 동일하며, 두 내용이 하나의 도면으로 표현될 수도 있다.

입 · 단면 설계의 역할 및 설계 요소

건축설계를 완성하기 위한 여러 설계프로세스 중에서 입·단면 설계는 없어서는 안 될 중요한 역할을 수행한다. 그것은 크게 3가지로서 설계 개념의 전달, 공간경험의 내용 및 상호관계 전달, 형태 및 공간의 구축방법 전달이다. 또한 이 역할들은 입·단면 설계를 통해서 완성되는 건축의 중요한 설계 요소들이기도 하다. 따라서 설계 프로젝트마다 이들 간에 상대적인 중요도와 비중의 차이는 있을 수 있으나 모든 건축설계의 입·단면 설계 작업을 통한 위의 3가지 역할 및 설계 요소들이 충분히 다뤄질 때 완성된 건축설계가 갖춰진다.

설계 개념의 전달

건축설계는 설계자가 요구된 기능을 수행하는 건축물을 설계하기 위해 다양한 방법을 통해 만들어낸 설계 개념 또는 컨셉(design concept)의 구체화 과정이라고 볼 수 있다. 이때 설계자의 선택에 의해 주어진 독특한 대지조건이나 실현시키고자 하는 설계 개념에 따라 입·단면상의 조건들이 전체 설계 프로세스의 중요한 실마리일 수도 있다. 즉 상황에 따라서는 입·단면상에 나타내고자 하는 설계의도로부터 설계 프로세스가 시작된다. 이 경우 입·단면 설계가 프로젝트의 설계 개념을 전달하는 중요한 단서가 된다.

입면 설계는 건축물의 외관을 결정짓는 과정이며 건축물의 첫인상뿐만 아니라 주변과 하나가 되어 경관에 영향을 미치는 중요한 역할을 한다. 입면 설계과정을 통해 설계자는 설계 의도에 따라 다양한 건축언어의 표현이 가능하다. 설계자에 의해 건축물의 내부기능, 외관의 심미적 조형성, 도시맥락의 고려, 대지 경관의 창조 등 여러 계획 요소들이 입면 설계에 반영될 수 있다.

그림 6.4 입면 스케치, 르 코르뷔지에 설계

세상에 존재하지 않던 '형태'를 제시한 르 코르뷔지에의 성당은 입면설계의 힘을 일깨워준다. 형태를 규정하는 요소인 점으로부터 면, 입체에 이르기까지 모든 형태적 언어를 자유롭게 다루면서 부드러움 속에 강직함, 자유로움 속에 질서, 열림과 닫힘의 표현 등을 읽게 하는 동시에 건축물에 대한 강한 개성을 느끼게 한다.

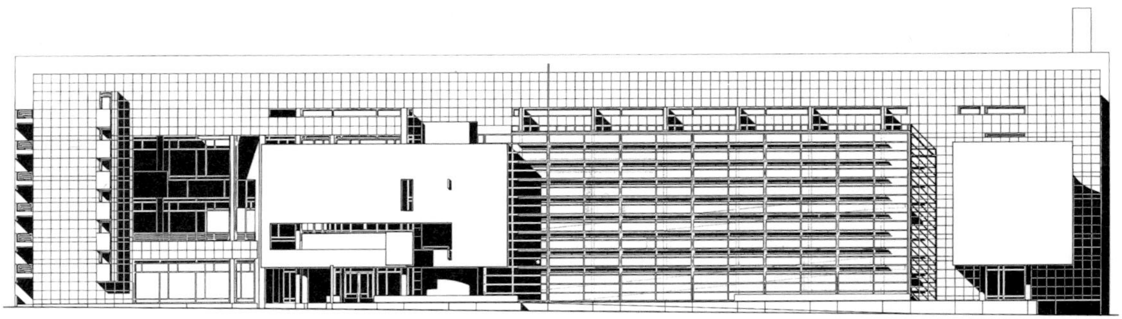

그림 6.5 입면도, Richard Meier 설계

미술관의 한 입면 설계를 위해 다양한 입면의 요소들과 형태언어들을 활용하여 건축물로서의 아름다운 비례감과 대비감으로 밀도 있게 구성한 사례이다. 입면 설계는 설계 의도에 따라 건축 외관을 형성하는 다양한 재료와 구법을 동원하여 계획되며, 하나의 입면 설계를 완성하기 위해 위 사례와 같이 다양성을 추구하거나 통일된 느낌의 일관성을 추구할 수도 있다. 뿐만 아니라 설계자의 설계 의도와 철학에 따라 입면 설계는 건축물의 내부기능 및 구성을 드러내어 계획 요소로 활용하거나 내·외부 간의 서로 다른 구성을 의도적으로 표현할 수도 있다.

창의적인 입면 창작작업을 응용한 도심 건축물의 설계과정 사례

건축가에게 입면 설계는 빈 캔버스에 건축을 위한 얼굴과 이미지를 그려 넣는 작업이라고도 볼 수 있다. 이때, 대지환경과 주변맥락, 내부기능 등 고려해야 할 많은 계획적 요소들을 창의적으로 수용하는 한 방법으로 설계자의 자유로운 개념 설정을 통해 그것의 창의적인 추상 이미지 작업을 수행하고 완성도를 높여가면서 남기고 싶은 개성의 건축 이미지를 생성할 수 있다.

생성된 건축의 입면을 상징하는 추상 이미지 작업을 기반으로 3차원 공간으로 발전시킨다. 이때 이미지의 개성은 유지를 하되 건축물이 담아내야 하는 여러 기능의 다양한 개성을 갖는 건축 공간들이 형성되도록 3차원 구성물을 발전시켜 나간다.

목표로 하는 건축물이 지녀야 할 다양한 기능 공간들로 발전시킨 3차원 구성물은 이제 현실적인 공간구조가 되도록 주요 공간들의 연결과 효율적인 동선이 형성되도록 건축공간모형으로 수정 및 발전시킨다.

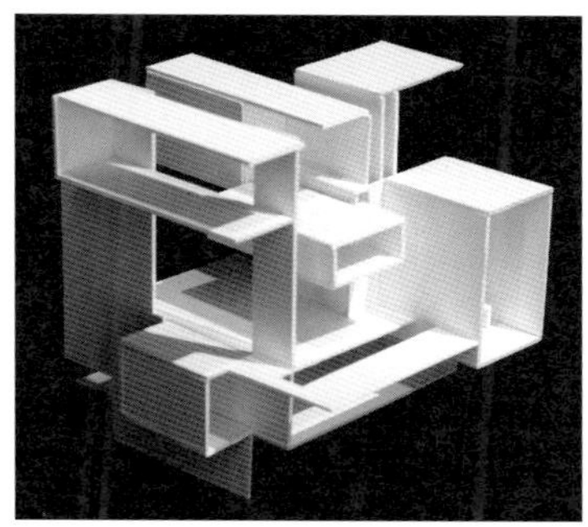

그림 6.6 입면 추상 이미지의 공간 개념화 작업(인사동길 'infill' 설계)

그림 6.7 인사동길 'infill' 설계

건축 공간 모형은 세부적인 발전과정을 거치게 되고 건축물의 정면인 입면계획의 내부가 된다. 이때 설계자는 첫 단계 작업이었던 입면 추상 이미지의 주요 요소들과 공간 모형이 지닌 내부 공간구성을 적절히 반영하여 세부적이고도 내실 있는 입면 설계로 발전시킨다.

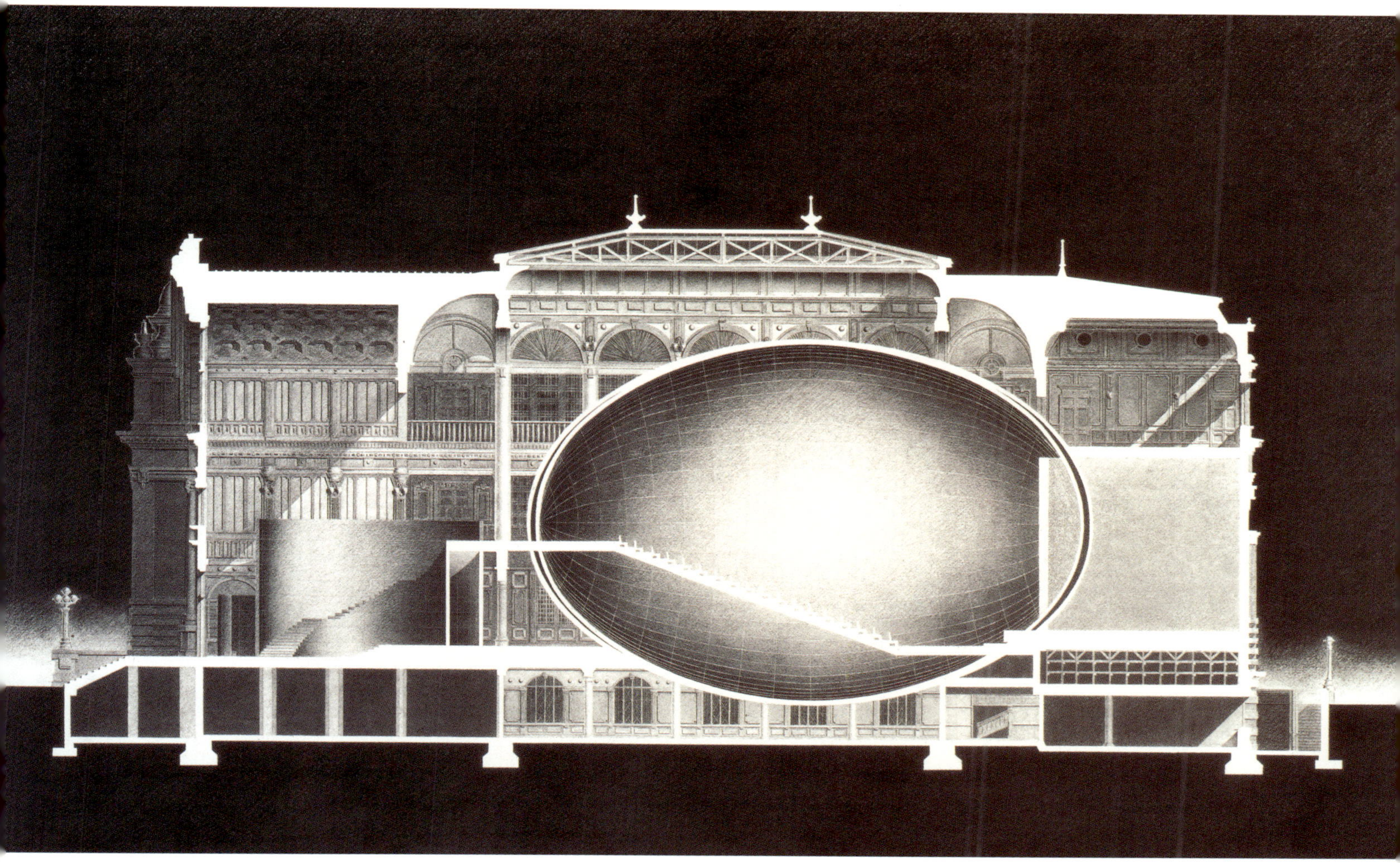

그림 6.8 단면도, 안도 다다오 설계

기존 역사건축물을 극장으로 바꾸는 이 설계작업의 주된 설계 개념은 단면상의 공간개념 및 형태가 주를 이룬다. 이 경우 단면 설계는 전체 설계작업 중 가장 중요한 시작이고 단서가 된다.

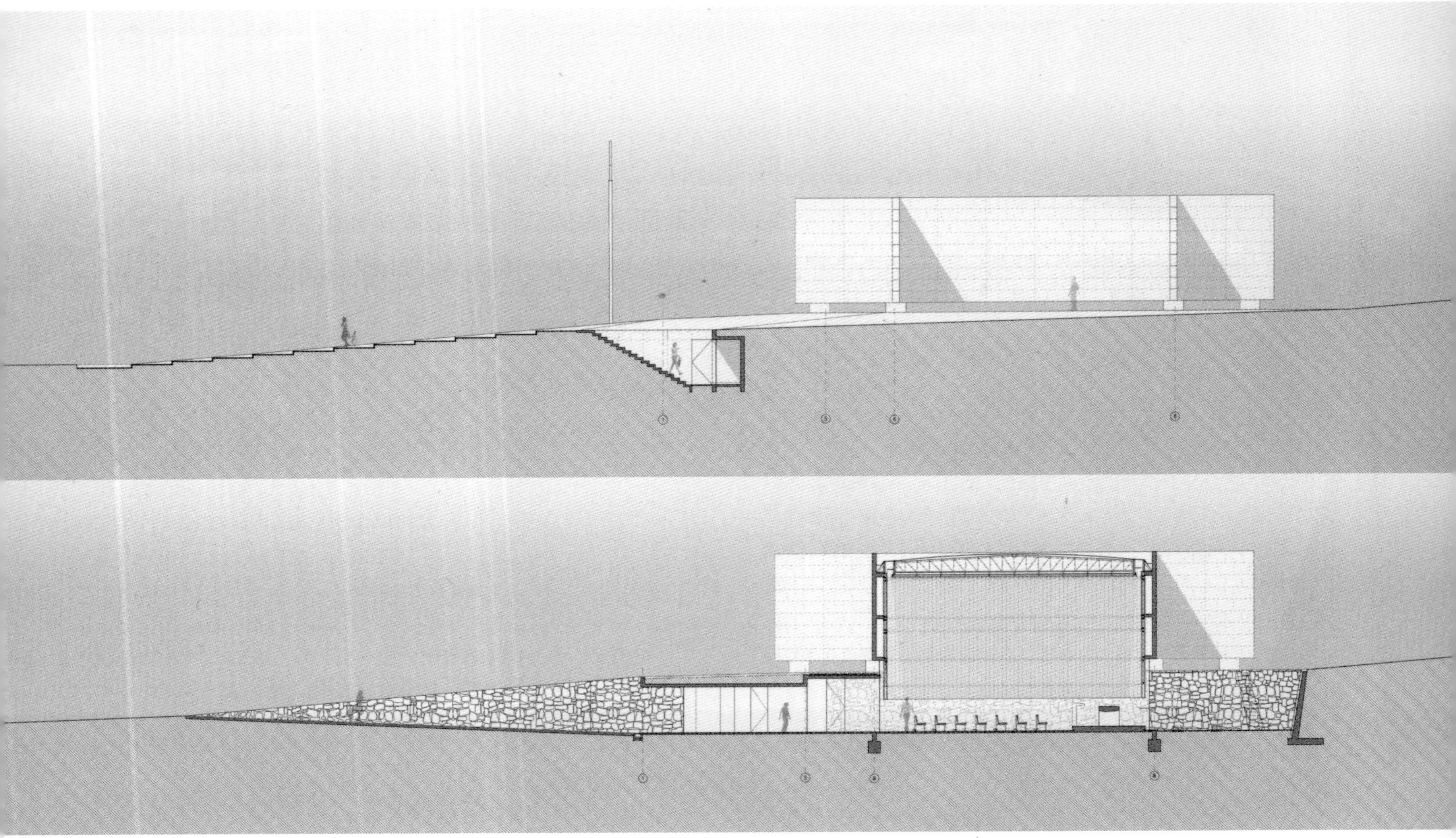

그림 6.9 입·단면도, Undurraga Devés Arquitectos 설계

작은 교회당을 경사지에 계획하는 이 프로젝트의 주된 설계개념은 입·단면상에서 나타내는 수평동선에 따른 공간의 상·하 이동, 그리고 대지와 집회공간이 형성하는 입면과 단면 간의 상호관계이다.

공간경험의 내용과 상호관계 전달

건축설계 결과물은 대지와 주변 조건들이 고려되어 활용되는 가운데 기대되는 복합적인 기능을 수행하기 마련이고 동시에 설계자의 설계개념에 의한 계획 의도 등 여러 가지가 반영되어야 한다. 따라서 아무리 간단한 설계 결과물이라 하더라도 배치·평면 설계의 내용 이외에 입·단면 설계를 통해 3차원으로 솟은 형태 및 공간들 간의 관계와 각각의 건축적 경험이 어떤 것인지 입·단면을 통해 계획되어야 한다. 따라서 설계자는 효과적인 입·단면도 작성을 통해 주요 공간경험의 내용을 올바르게 전달할 수 있어야 한다. 또한 평면도상에서는 이해하기 쉽지 않은 공간 및 형태들의 복합적인 3차원 구성을 입·단면도로 나타낼 수 있다.

그림 6.10 단면도, RCR 설계

자연경관을 배경으로 놓인 소규모 문화공간으로서 각 공간 경험의 내용이 여러 개의 단면 설계를 통해 나타나고 있다. 설계 의도에서 나타난 공간의 크기, 비례, 채광, 재질감 등 공간의 성격을 계획하여 전달하기 위해 단면도가 활용되어야 하며, 이를 통해 효과적으로 표현되고 있는 요소들은 내부공간 입면 설계의 내용 등 다양하다.

그림 6.11 입·단면도, RCR 설계

설계자가 의도하고 있는 공간경험이 어떤 것인지를 강조한 입·단면도로서 건축공간의 내·외부 경계의 모호한 성격과 건축물의 개성 있는 형태를 효과적으로 나타내고 있다.

그림 6.12 단면도, Richard Meier 설계

주택을 구성하는 공간들의 다양한 입체적 배치와 서로 다른 규모, 높이로부터 읽을 수 있는 비례감의 차이 등 이들의 특징과 상호관계를 단면 설계로 나타내고 있다. 정교한 표현으로 공간들 간의 섬세한 구분 및 연결, 그리고 외부공간과의 관계가 나타난다.

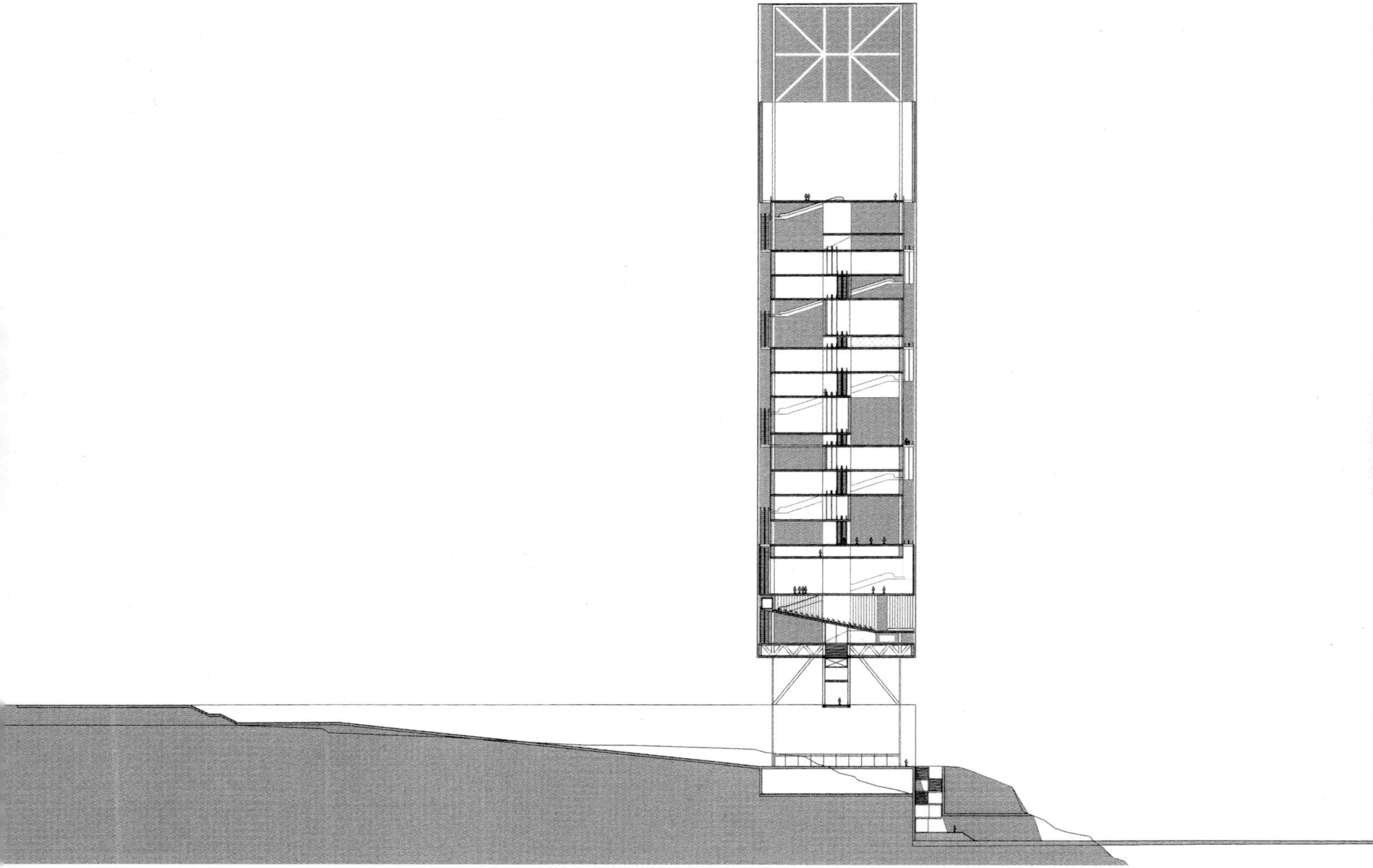

그림 6.13 단면도, TEN Arquitectos 설계

공간의 수직적 구성에 의존한 설계 개념인 경우 단면 설계의 비중은 상대적으로 크고 중요하며 구성공간들의 높이, 위치, 상호관계 등의 단면 설계가 전체 건축계획의 중심을 이루고 있다.

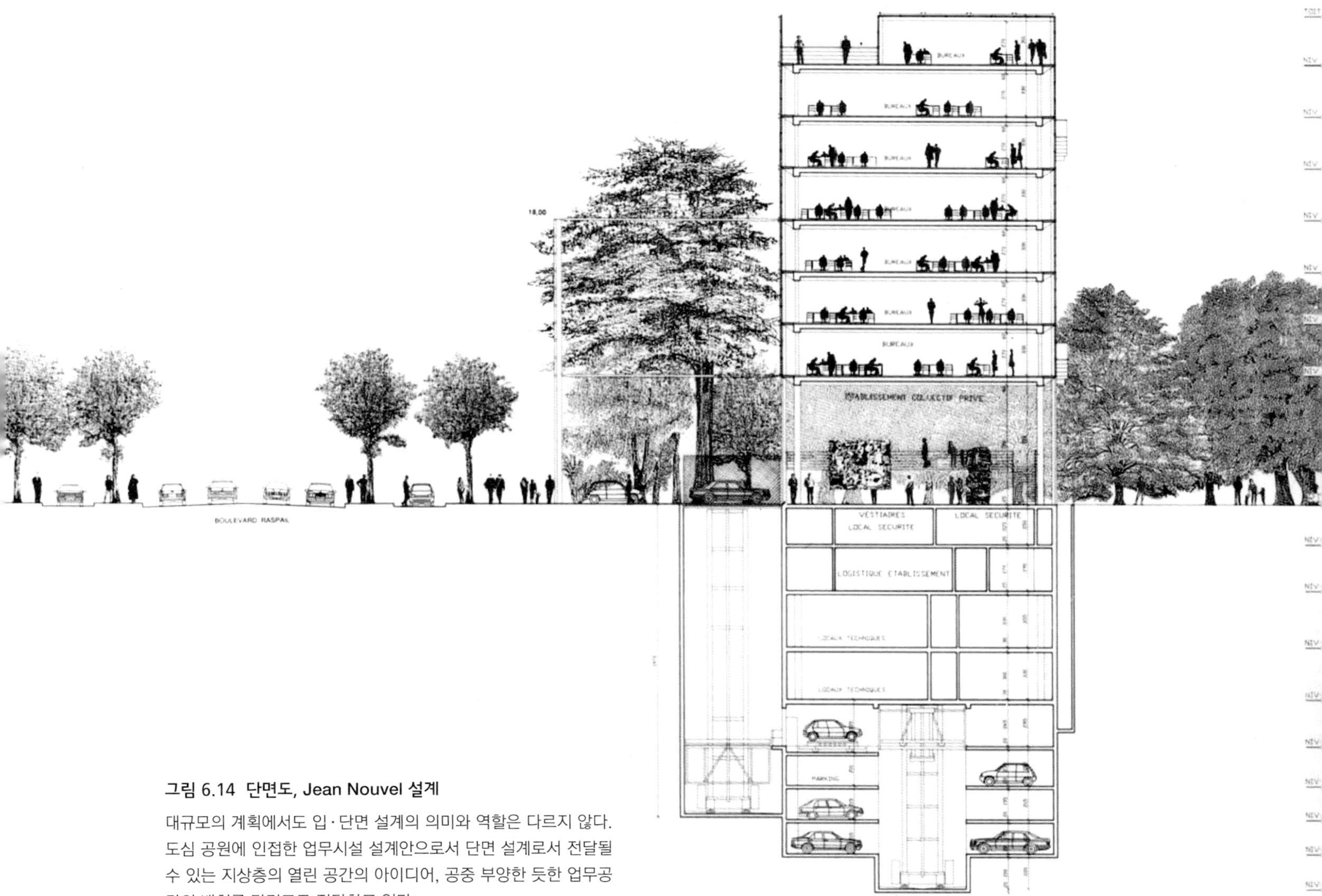

그림 6.14 단면도, Jean Nouvel 설계

대규모의 계획에서도 입·단면 설계의 의미와 역할은 다르지 않다. 도심 공원에 인접한 업무시설 설계안으로서 단면 설계로서 전달될 수 있는 지상층의 열린 공간의 아이디어, 공중 부양한 듯한 업무공간의 배치를 단면도로 전달하고 있다.

형태 및 공간의 구축방법 전달

모든 건축에 있어서 설계자가 창작한 형태와 공간을 형성하기 위해서는 부재들에 의해 지어지기 마련이며 어떻게 지어질 것인가에 대한 고민은 건축의 본질 중 하나이기도 하다. 설계자는 자신의 설계 개념과 의도대로 지어질 수 있도록 내부 구조와 부재들에 의한 구축방법 등을 제시해야 하며, 이때 계획물의 단면을 보여줌으로써 효과적으로 전달할 수 있다. 따라서 상세한 입·단면 설계는 설계의도와 설계 개념을 더욱 자세히 전달하는 것 이외에도 어떻게 지을 것인가에 대한 해법을 제시하고 전달하기 위해 필요하다.

그림 6.15 상세 단면도, Suzuki 설계

건축은 오랜 역사를 통해서 짓는 행위에 대한 애착을 보여 온 행위이다. 의미 있는 건축의 형태나 공간이 실제로 어떤 구조로 어떻게 지어졌는지와 직결되며 설계자는 이에 대한 고민을 통해 건축의 완성도를 높이기 위한 해법을 제시해야 한다. 상세한 단면도는 건축의 속살을 드러내는 해부도 역할 또한 하므로 건축을 현장에서 짓기 위한 상세한 설명서가 되기도 하고 건축의 완성도를 높이는 데 기여한다.

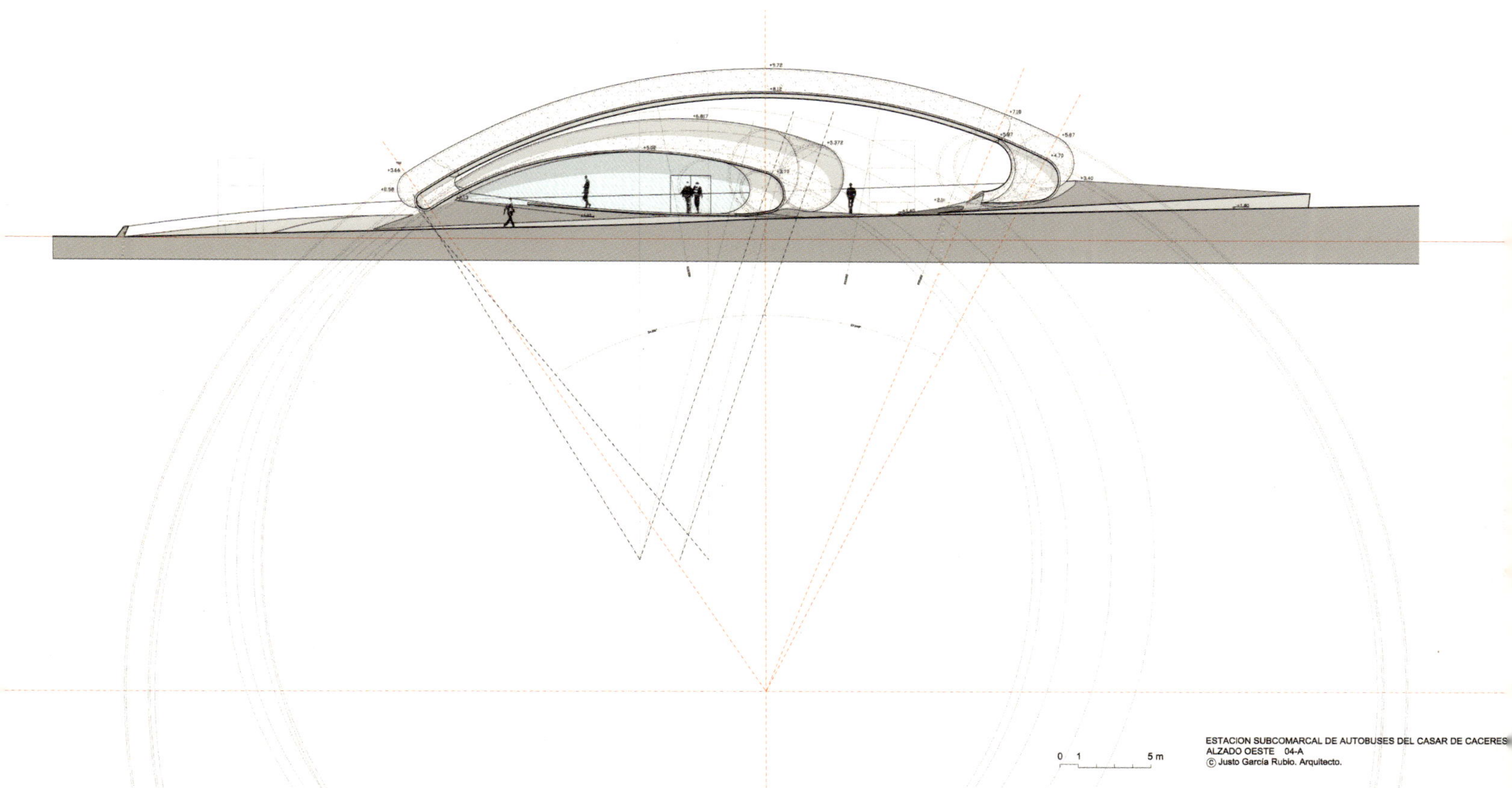

그림 6.16 단면도, Justo Garcia Rubio Architects 설계

설계자가 의도한 간단한 기능의 버스정류장 설계에서 흥미로운 형태의 형태적 구조와 체계에 대한 세부 설명과 전달을 위해 단면도를 활용하고 있다.

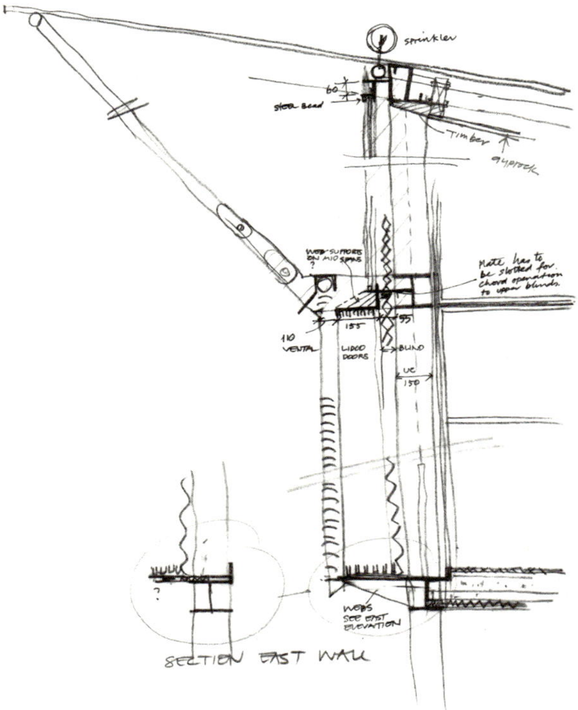

그림 6.17 단면도와 사진, Murcutt 설계

왼편의 스케치는 건축가가 설계 구상단계에서의 단면 설계를 엿볼 수 있고, 오른편은 모든 설계과정과 시공을 거친 후 완성되어 지어진 모습이다. 작품의 개념상 단면의 구성과 그 내용이 설계결과의 대부분을 차지하고 있다.

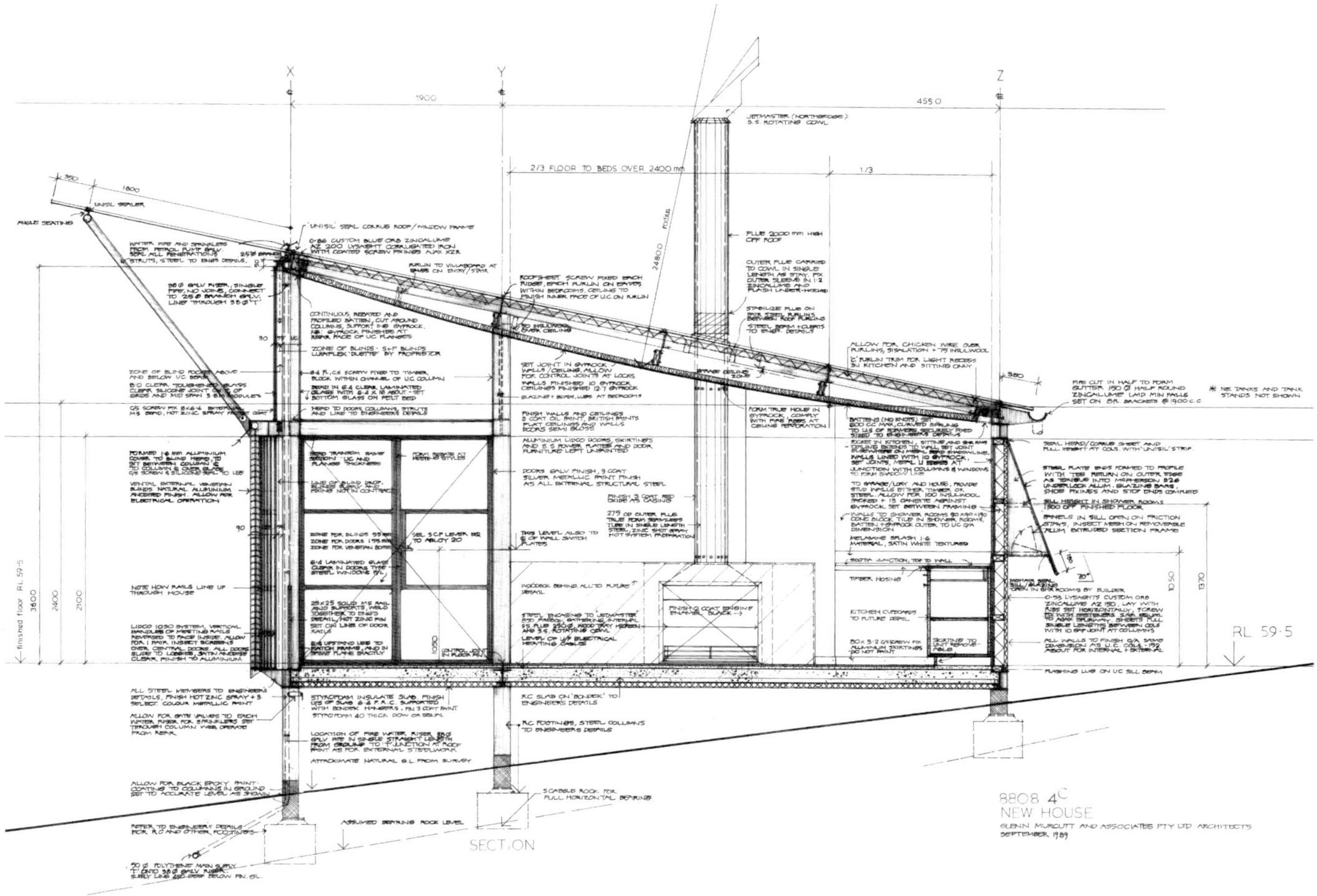

그림 6.18 단면도, Murcutt 설계

상세한 단면 설계를 나타내는 단면 실시설계 도면을 통해 의도한 형태와 공간이 구체적으로 구현되며, 이 도면은 건축구법과 재료, 구조 등을 세부적으로 설계된 결과를 나타낼 수 있다. 이러한 도면은 높은 완성도의 설계결과를 상세히 제공하고 시공하는 데 직접 활용된다.

입·단면도 기본 구성 요소와 사례

입·단면도 설계의 결과는 입면도 또는 단면도로 나타난다. 입·단면도는 건축의 기본 도면으로서 정투영법을 사용하므로 같은 정투영법에 의한 배치도나 평면도와 그 작성 원리는 같다. 이 정투영법에 의한 기본 도면들은 3차원의 현실을 2차원 도면으로 나누어 납작한 상태로 보여주는 것이고 입체 계획물의 한 면만을 보여주는 특성을 갖는다. 따라서 구성물의 정확한 이해를 위해서는 독립된 일련의 투영도들(여러 개의 평면도 및 입·단면도)로 3차원 계획의 내용들을 전달해야 한다.

특히 입·단면도에서는 사물의 원근, 공간의 깊이, 구별된 영역들, 그리고 전체 설계의도를 나타내는 기회이고 또한 이것을 전달하기 위해 필요로 하는 배경정보 등이 함께 나타나야 하는데, 이러한 여러 정보들이 도면에 정리되어 나타나지 않을 경우 입·단면도로서 제몫을 다하지 못하게 되므로 많은 주의가 필요하다. 설계자의 취향과 작업의 성격에 따라 도면표현의 기법과 개성이 다르더라도 완성도 높은 입·단면도 형성의 기반이 되고 고려되어야 하는 공통 필수 구성 요소 A, B, C는 다음과 같다.

A : 대지 및 배경정보의 전달

모든 건축물의 입면도 또는 단면도에서 정보전달의 시작은 '대지위치' 의 전달이다. 계획물과 대지와의 관계를 나타내는 것은 소홀히 하기 쉽지만 매우 중요하다. 전달하고자 하는 거의 모든 입·단면 설계 내용은 대지와의 상대적 관계에서 시작되며, 이 정보는 대부분의 경우 가장 중요한 설계의도 전달의 시작점이 된다. 매우 간단한 입·단면도라 하더라도 이 관계를 전달하면서 그 밖의 필요한 배경정보를 어느 정도 적절히 포함시킬 것인지 고민해야 한다.

B : 절단면과 단면선

입 · 단면도들은 같은 원리에 의해 작성되므로 입면도가 건축물을 자르지는 않지만 그것이 서 있는 대지를 절단하여 나타낸 단면도로 이해되어야 한다. 입·단면도를 작성하기 위해서는 항상 대상물의 절단면이 있어야 하고 그것의 평면상 위치는 전달하고자 하는 설계내용에 따라 조심스럽게 선택되어야 한다. 절단면은 항상 수직으로 서 있는 것으로 가정한다.

C : 공간 깊이와 구성 부위의 전달

3차원상에서의 원근 및 공간감은 입·단면 설계의 중요한 계획요소이므로 입·단면도에서 공간의 원근감, 주요 부위의 상대적 깊이감, 윤곽 등은 설계 의도에 따라 적절히 강조되고 계획된 입·단면 설계내용이 전달되어야 한다.

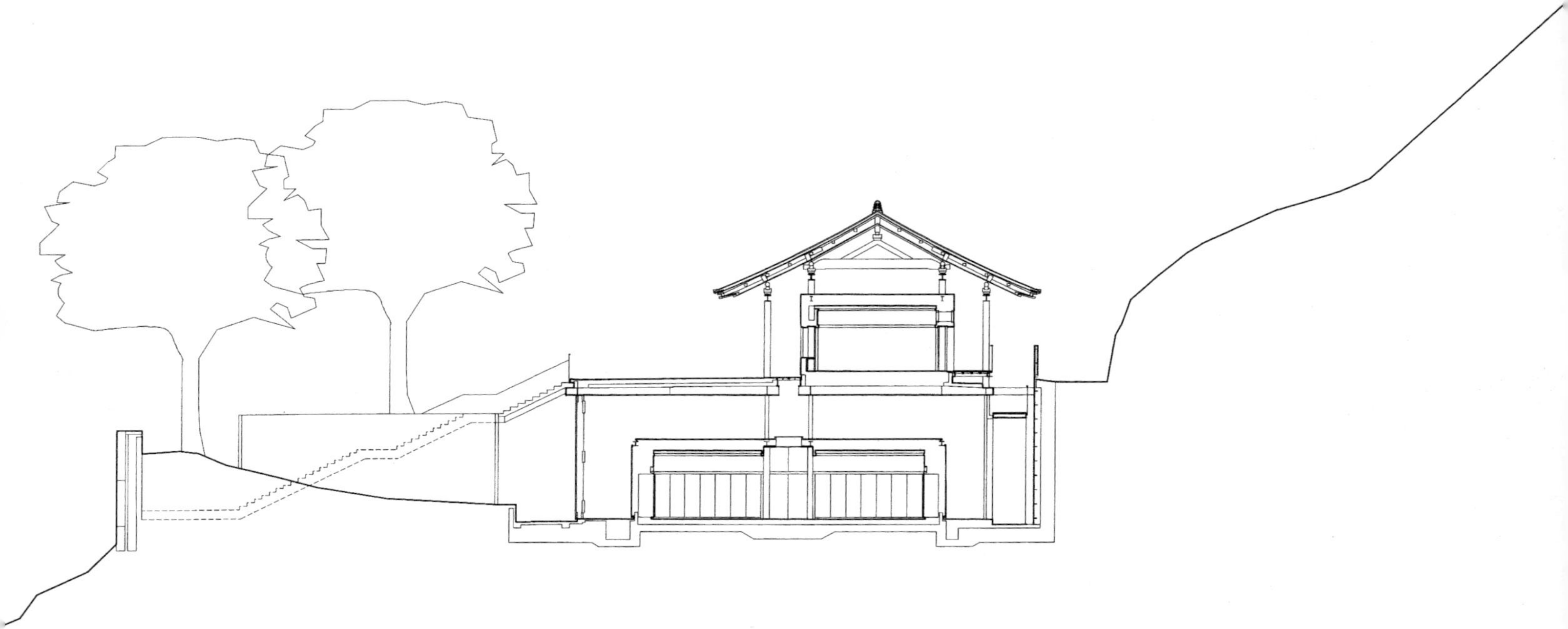

그림 6.19 단면도, Suzuki 설계

A : 작은 규모의 단면도라 하더라도 설계 의도에 담겨 있는 건축과 대지와의 관계를 주안점으로 나타내고 있다. B : 공간구성의 가장 대표적인 위치에 절단면을 두어 내·외부 공간과의 관계, 1·2층 간의 구성을 나타내며, 단면선은 도면에서 가장 굵고 선명하게 나타냄으로써 공간의 경계를 강조한다. C : 굵은 단면선과 그렇지 않은 세부 선 및 점선 등으로 공간의 깊이와 원근을 표현하고 있다.

그림 6.20 단면도, OMA 설계

A : 대지 및 배경 정보가 공간구성과 설계 의도의 배경이 되므로 중요하게 다뤄지고 있다. B : 공간의 입체적 구성을 보여줄 수 있는 평면상 위치에 절단면을 둔 단면도로 단면 설계의도를 나타내고 있다. C : 몇 가지 영역으로 구별되는 색채우기로 깊이감의 차이를 둠으로써 보이드(void), 동선구조, 내 · 외부 공간의 관계를 강조하고, 단면 설계를 구성하는 부위들을 전달하고 있다.

그림 6.21 단면도, 이준석 설계

A : 개념 설계단계의 단면도로서 설계 의도에 의해 주변 맥락과 건축물 사이의 외부공간과 같은 주변 대지의 정보 전달을 배려하고 있다. B : 설계에서 다루고 있는 주요 공간에 절단면을 두었으며 표현 기법에 의해 실제 단면선이 아닌 면과 영역의 명암 구분에 의해 단면계획을 나타내고 있다. C : 선이 아닌 공간의 명암으로 공간의 용도와 원근감, 단면 구성 부위를 전달하고 있다.

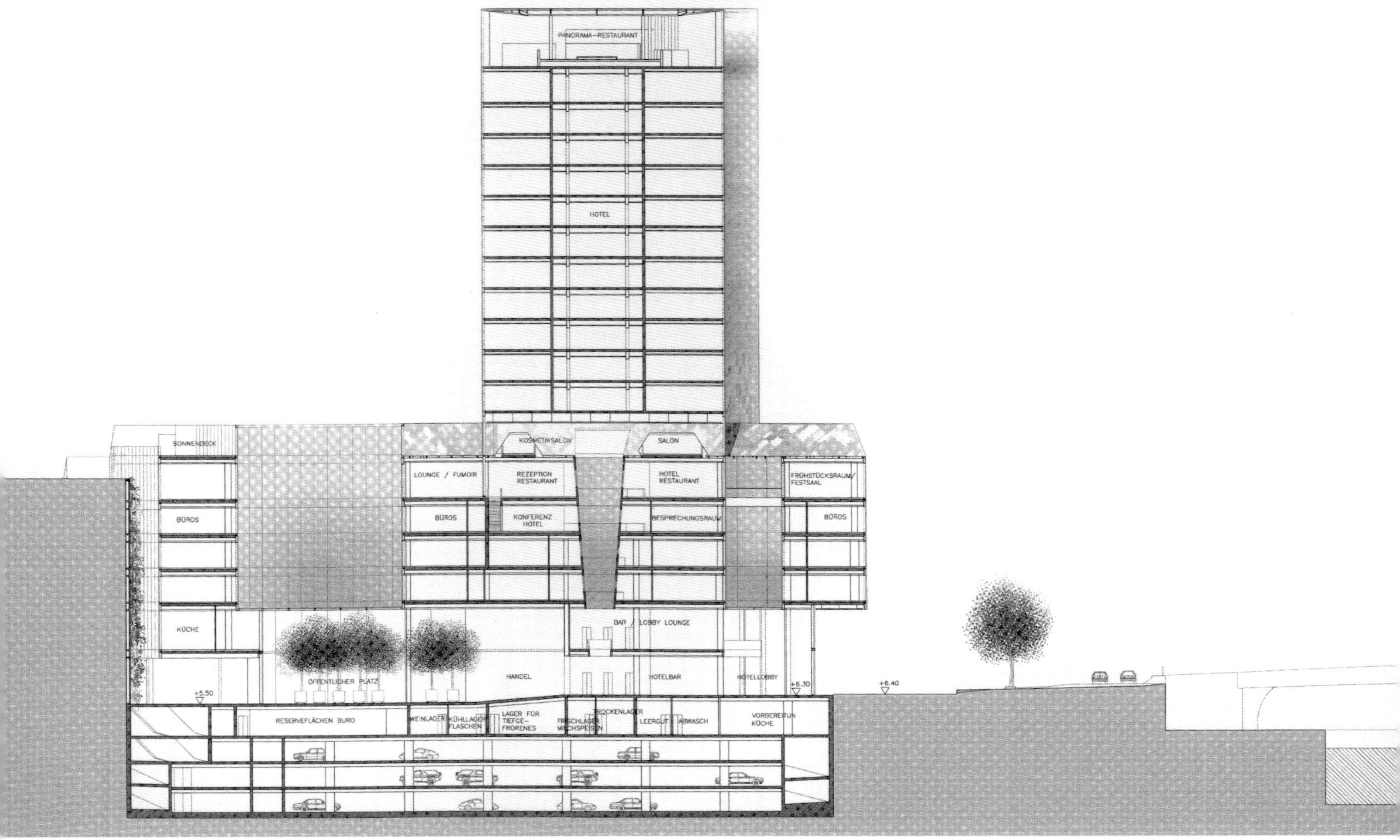

그림 6.22 단면도, Jean Nouvel 설계

A : 기본설계 마무리단계의 단면도로서 설계안이 배치된 대지의 주변상황을 단순하지만 중요하게 다루고 있고 도면 우측 강변에서의 접근과 좌측 높은 지대의 조건이 단면 설계에 공간 개념적으로 반영되어 있음을 알 수 있다. B : 설계안을 전달하는 데 전략적으로 가장 효율적인 위치를 절단면으로 삼고 있으며, 선의 굵기보다는 면의 구분으로 단면 영역들을 구분하고 있다. C : 실내 · 외 공간의 구분과 서로 간의 관계, 공간의 깊이감과 양감, 공간높이의 차이 등이 쉽게 인지되어 주된 전달내용이 되도록 표현되고 있으며, 시설 규모에 타당한 각종 건축계획의 고려사항 또한 나타나 있다.

그림 6.23 입면도, Rogers Stirk Harbour + Partners 설계

A : 설계 의도와 개념이 도시를 상징하는 역사건물들의 맥락과 그 특성에 대응하고 창의적인 조화를 이루고자 하는 것을 입면도를 통해 강조하고 있으며, 입면도만으로도 이를 쉽게 파악할 수 있다. B : 입면도는 대지를 절단한 단면도와 같음을 잘 보여주는 사례이다. C : 상세한 색상 표현과 상세 부위의 표현으로 형태와 설계 의도를 섬세하게 나타내고 있다. 설계 대상이 되는 계획물의 주된 아이디어와 존재감은 주변 맥락으로부터 시작되었음을 잘 나타내고 있다.

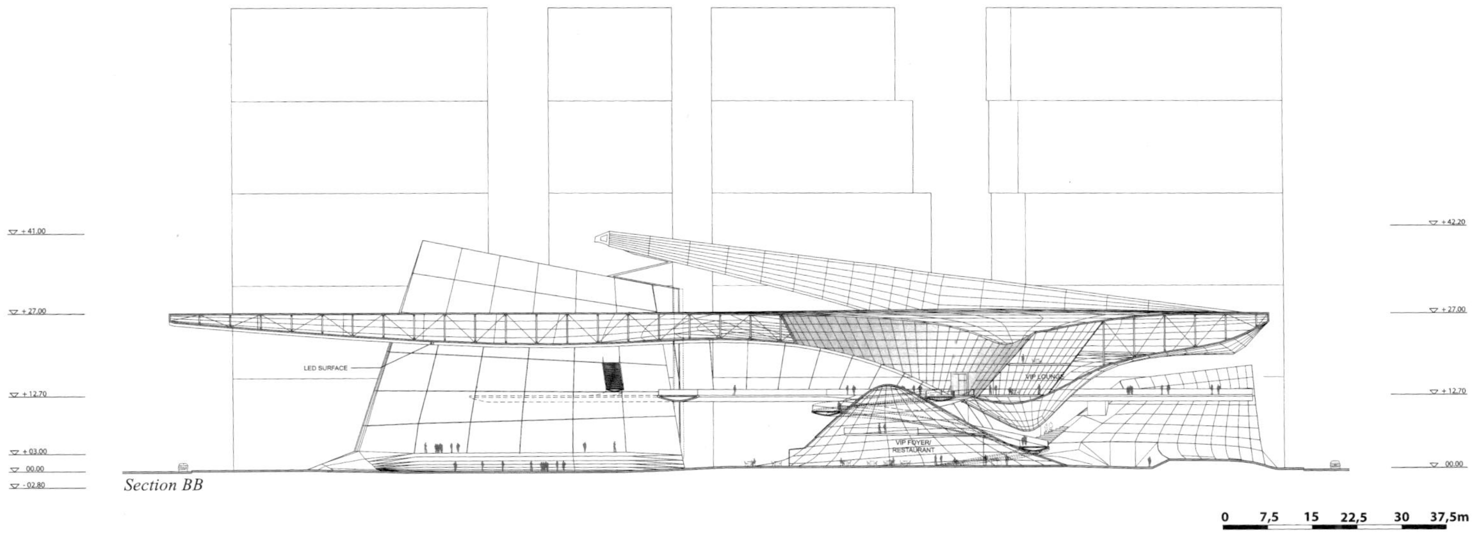

그림 6.24 단면도, COOP HIMMELB(L)AU 설계

A : 복합적이고 역동적인 성격인 계획물의 배경이 되고 있는 주변 고층 건물들의 존재감을 대비되는 성격의 단순한 표현으로 나타냈다. 또한 대지의 단면 윤곽이 섬세하지만 선명하게 읽히도록 하여 전반적인 조화를 이루고 있다. B : 단순하고 섬세한 선들에 의한 전반적인 표현 성격에 어울리도록 단면 표현의 강약을 섬세하게 다뤘고, 이 도면은 전체 계획물의 입체적 구성을 나타내기 위한 여러 개의 단면도 중 하나이다. C : 전반적으로 단순한 선에 의존한 도면이지만 선의 굵기, 표면의 성격을 나타내는 선해칭 등으로 각 구성 부위가 위치한 공간의 깊이감을 강조하고 있다. 동시에 설계의도로 나타난 역동적인 입체의 단면 설계내용이 전달되고 있다.

chapter 7

상세 설계

Detail Design in Architecture

상세설계란?

상세설계는 건축물을 완성하는 과정이다. 건축물의 완성은 원칙적으로 서로 다른 건축 부분의 조합으로 이루어진다. 바닥, 벽, 천장, 문, 창호 등 각각 다른 재료로 이루어진 부분이 각각의 기능을 가지고 조합되어 건축물을 완성한다. 계획설계에서 그림의 형태로 완성된 도면이 설계자에 의해 실시설계 과정을 거쳐 도면으로 시공자에게 전달된다. 실시도면제작에서 시공도면이 완성되지만 완성도를 높이기 위해 명확한 시공방법과 재료 선정, 그리고 마무리를 위해 상세설계가 필요하다.

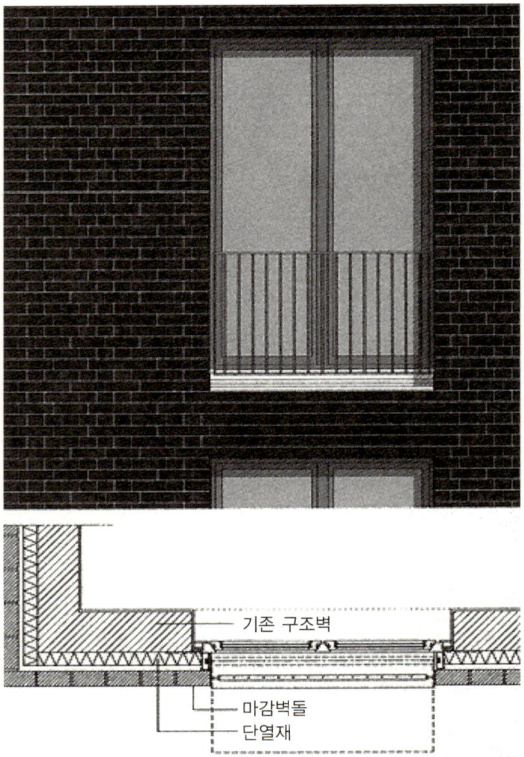

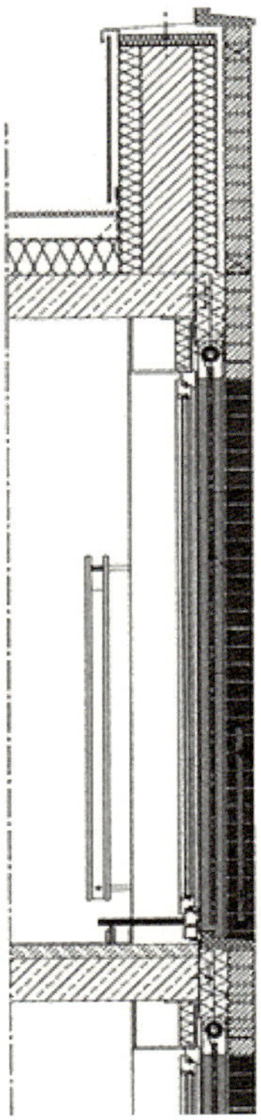

상세설계

미스 반 데어 로에는 벽돌이 두 장째 쌓이는 순간부터 디테일에 신경써야 한다고 이야기 했다고 한다. 상세설계란 설계된 건축물이 완벽하게 마무리되어 완성될 수 있도록 건축가의 책임을 다하는 단계이다. 설계도면으로 표현된 작품이 시공되어 완성될 때 세세한 부분이 정확하고 세밀하게 시공되어 완성될 때까지 건축가는 그 임무를 다했다고 이야기할 수 있다.

건축물이 지어질 때 지하 부분부터 바닥, 벽체, 외벽마감, 지붕까지, 그리고 내부에서 천장, 칸막이벽, 계단 등 건축가의 손길과 주의가 필요한 곳이 무수히 많다.

다음 사항은 건물이 지어질 때 순서로 재료에 따라 지하 부분에서 유의해야 할 사항에 대하여 설명되어 있으며, 외벽, 지붕으로 구성되어 있고, 외벽은 재료에 따라 조적조, 철근콘크리트조, 목조 등의 내용이 정리되어 있다.

지하

지하 부분은 건축물이 서있기 위한 근본이며 보이지 않는 부분에도 기본적인 요건들이 갖춰져야 튼튼하고 실용적인 건축물이 된다.

물은 완성된 건축물에 막대한 피해를 끼친다. 따라서 지하에서 발생하는 물이 건물로의 침투를 방지하는 것이 가장 중요하다. 물은 지하의 아래나 옆으로부터 건물로 침투하는 것이 아니라 빗물이 지면에 부딪혀 벽면으로 튀는 상황도 많기 때문에 이에 대비한 고려 또한 필요하다.

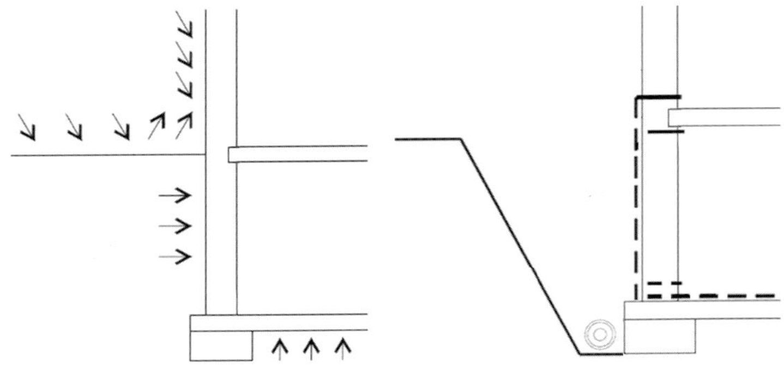

그림 7.1 물의 침투방향과 대비

지하의 아래, 옆, 그리고 건물과 지면의 틈 등 건축물에 스며드는 물에 대비한 상세설계는 무엇보다 필요하다.

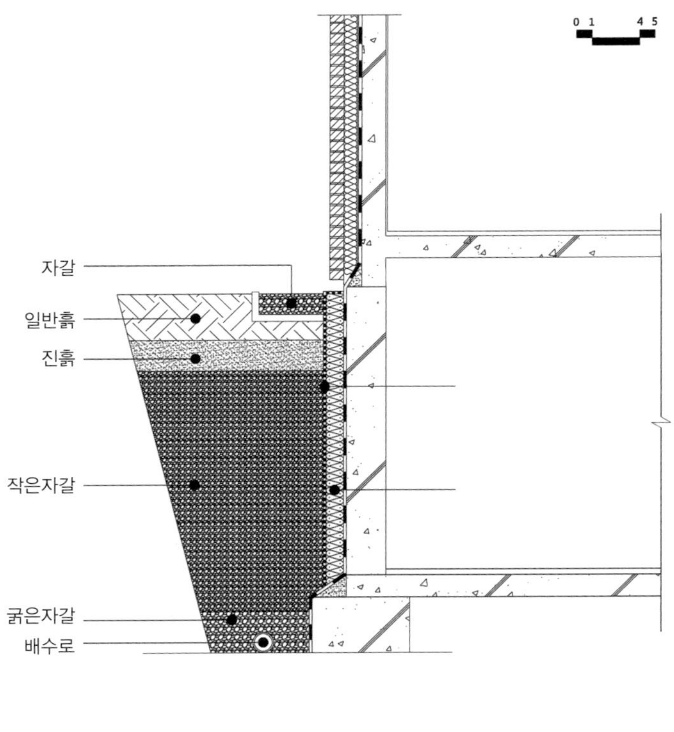

그림 7.2 지하부분 상세도

지하 부분의 상세구조는 건물로부터 바깥쪽으로

외벽 : 구조체(콘크리트 혹은 조적), 방수층, 단열층, 그리고 흙으로 구성된다.

외벽 흙 : 배수관부터 위로 굵은 자갈, 작은 자갈, 점토질 흙, 일반 흙, 그리고 잔디 순으로 되며, 지면과 외벽이 만나는 부분에는 굵은 자갈을 일정 깊이와 넓이로 깔아주어 빗물이 튀어 외벽을 더럽히는 상황을 방지한다. 지하 부분은 콘크리트 바닥 바로 아래에 모래를 깔아주고 그 아래에는 일반 흙, 그리고 굵은 자갈을 깔아주어 하중이 골고루 분산되게 한다. 콘크리트는 기본적으로 방수의 기능은 있으나 내부 바닥 마감을 하기 전에 방수층을 설치해 주는 것이 좋다.

외벽

외벽은 구조체로서 혹은 마감재로서 건축에서의 기능을 담당하고 있으며, 기능이 성공적으로 이루어지기 위해서는
첫째, 건물을 상하게 하는 내 · 외부로부터의 요인을 차단하고
둘째, 사용자가 쾌적한 상태에서 사용할 수 있도록 상온을 만들어주는 역할이 필요하다.
외벽은 구조체를 구성하는 재료에 따라 조적조, 철근콘크리트조, 커튼월 등으로 구분할 수 있으며, 약간의 차이는 있지만 그 기본은 비슷하다.

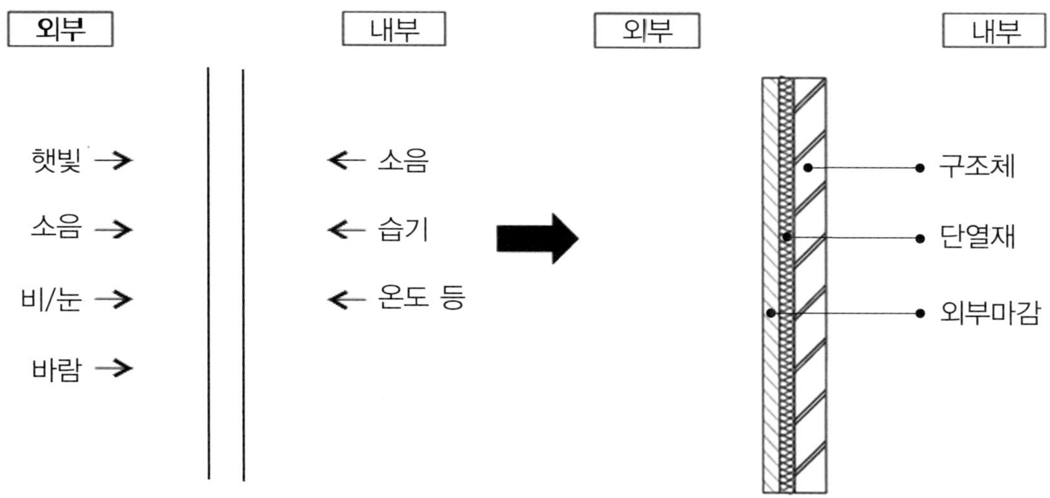

그림 7.3 외벽의 대비요소

조적조

조적조는 벽돌 혹은 석재 등을 쌓아 구조체를 만드는 건축방식으로서 재료의 이음새에 틈이 발생할 수 있으며, 이로 인해 건축물을 사용하는 데 불편을 초래할 수 있다. 또한 내부의 상온을 유지하기 위해서는 적절한 단열재의 시공이 반드시 필요하며 방수, 방풍에 대한 대비 또한 필요하다고 할 수 있다. 단열, 단수, 방풍 등으로 인해 건축물의 미적인 요소가 장애를 받아서는 안 되며, 외벽의 기능과 미적인 요소를 고려한 상세설계가 필요하다.

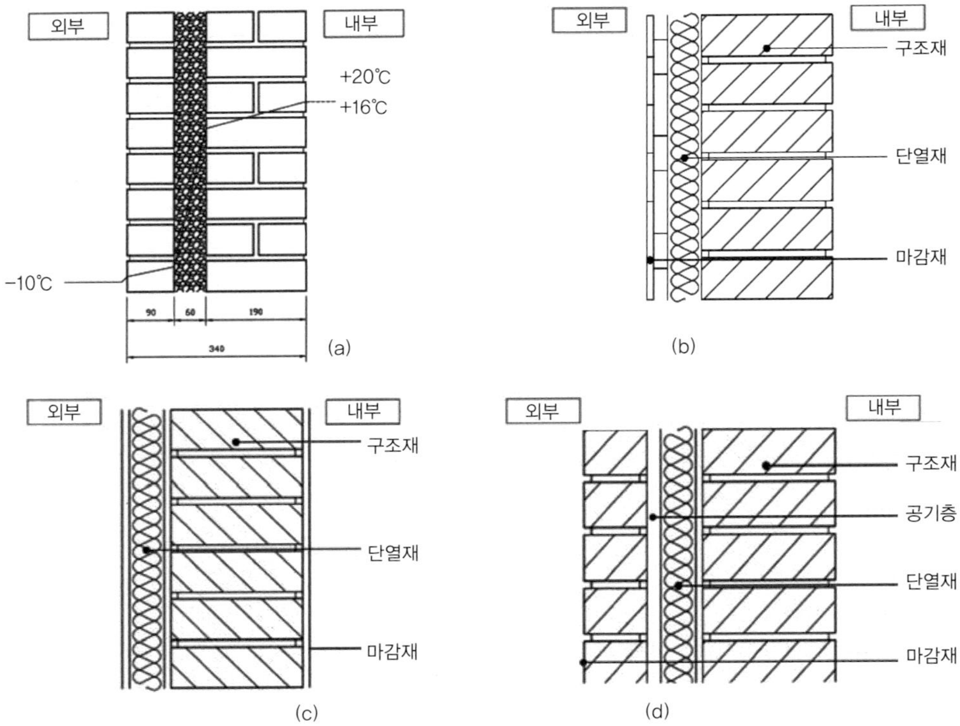

그림 7.4 외부 재료에 따른 단열재와 구조

그림 7.4(a) 그림에서 외부에서 내부로 외벽을 구성하고 있는 요소에 따른 온도를 나타내고 있다. 외부온도가 -10℃인 경우 단열재의 외부온도와 내부온도가 많은 차이를 보이고 있음을 알 수 있다. 단열재를 거쳐 내부온도가 20℃일 경우 내벽의 표면온도는 단열재가 시공된 경우 외부기온과 달리 16℃를 보이고 있음을 알 수 있다. 단열재가 없는 경우 외벽 표면의 외부온도와 내부온도에 큰 차이가 없을 것이다. 이에 따라 외벽에 단열재를 넣어 시공한 경우 마감재에 따른 외벽의 두께와 마감재의 관계를 볼 수 있다. 외단열의 경우 내부쪽에 있는 구조체를 보호하며 건축물의 내부가 구조체와 함께 비슷한 온도차를 보이고 있다. 외단열인 경우 바깥쪽부터 마감재 안쪽에 단열재, 그리고 구조체의 순서로 시공된 경우 마감재를 살리며 구조체가 보호되고 외벽 안쪽의 기온은 쾌적함을 주는 온도로 유지될 수 있음을 볼 수 있다.

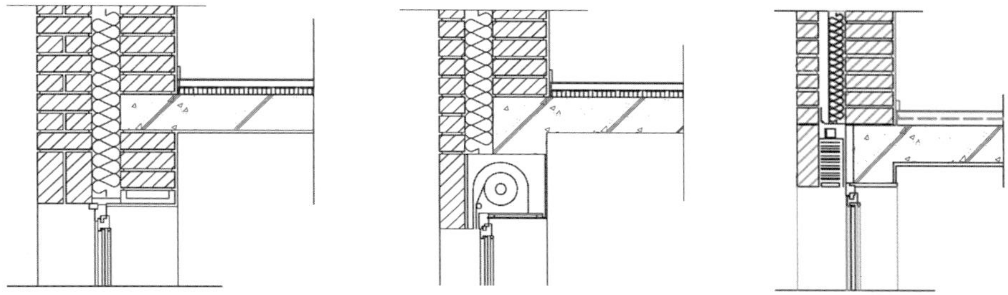

그림 7.5 조적조 창호 상세도

위 그림은 조적조에서 창호가 설치된 모습을 보여주고 있다. 창호는 구조벽에 부착되어 설치되며, 창호 부분은 구조벽이 쌓일 때 위치를 미리 비워놓고 쌓은 후 외벽 마감과 함께 설치된다. 단열재는 창문틀의 직전까지 연결되어야 하며, 단열층이 창문의 복층유리와 함께 연결되는 느낌이 있어야 한다. 차양막 박스 또한 구조체와 마감재 사이 단열재와 함께 설치되며, 마감재에 의해 밖으로 보이지 않게 설치하는 것이 좋다.

철근콘크리트조

철근콘크리트조는 거푸집에 철근을 배근하고 콘크리트를 부어 완성한 구조체로서 현대건축물에서 많이 사용하고 있으며, 조적조에서 발생하는 방풍에 대한 대비는 불필요할 수도 있다. 또한 조적조에서 보이는 두꺼운 구조체가 아닌 조적조 보다는 비교적 얇은 두께로 구조벽으로서의 역할을 할 수 있으나 얇은 두께로 인해 내부의 상온을 유지하기 위해서는 더욱 적절한 단열재 시공이 반드시 필요하다. 외부에 노출되는 콘크리트 구조체가 마감재로서의 역할을 할 때에는 내부단열 혹은 사이 단열 등으로 열 차단에 대한 고려가 반드시 필요하다.

그림 7.6 철근콘크리트 외벽구조

철근콘크리트 구조벽과 마감재 사이에 단열재가 부착된 모습을 보여주고 있다. 구조체가 안쪽에, 그리고 마감재가 바깥쪽에 위치하고 있으며 사이에 단열재가 놓이게 된다. 단열재와 외부마감재 사이에는 마감방식에 따라 공기층이 만들어질 수도 있다.

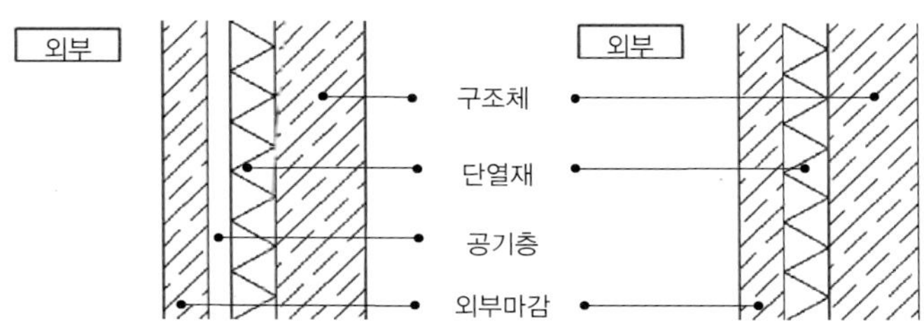

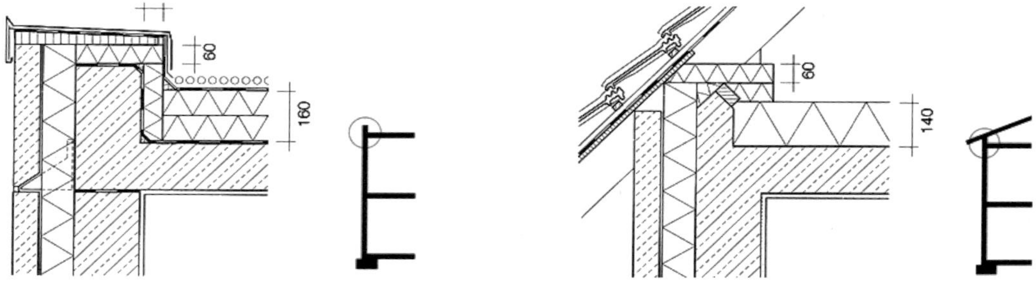

평지붕 경사지붕

그림 7.7 철근콘크리트 외벽-평지붕 접합

위 그림은 철근콘크리트 구조벽과 평지붕이 만나는 부분의 단열 모습을 나타내고 있다. 결론에 가장 취약한 부분인 실 내부 모서리 부분을 외부에서 완전히 단열재로 감싸줌으로써 결로를 방지할 수 있다.

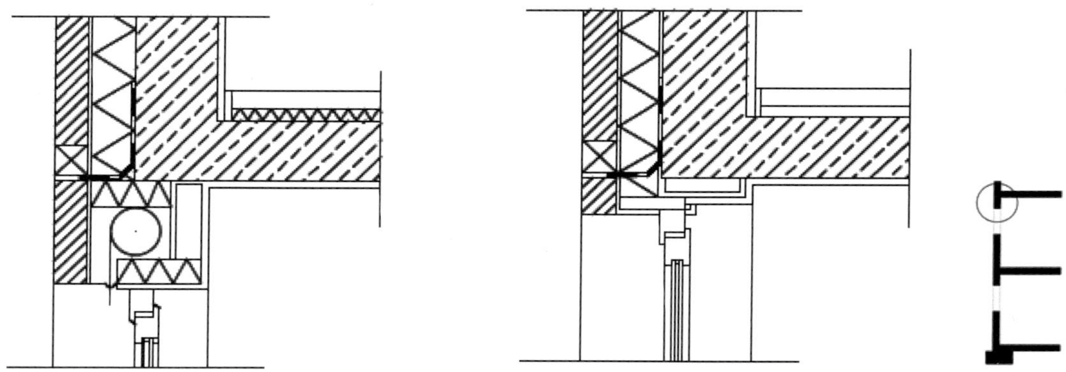

그림 7.8 철근콘크리트 창호

철근콘크리트 구조벽과 창호의 취약할 수 있는 부분을 단열처리한 것을 나타내고 있다. 차양막 박스 부분 또한 완전히 단열재로 감싼 것과 창문틀이 내부 구조체에 붙어 있고 창문 직전까지 단열재가 부착된 것을 나타낸다.

목구조

목구조에서의 외벽은 마감재와 구조체가 함께 시공되는 경우가 대부분이다. 60~80cm 간격으로 벽체기둥이 설치되고, 기둥을 중심으로 내 · 외부에 마감재를 붙여 벽체를 형성하는 매우 간단한 구조이다. 그러나 설치가 쉬운 만큼 유의해야 할 사항이 많다. 60~80cm 간격의 기둥사이에는 단열재가 설치되어야 하며, 나무 사이로 들어올 수 있는 바람을 막기 위한 방풍층 또한 설치되어야 한다. 구조체와 마감재, 그리고 단열층까지 한꺼번에 해결하는 목조외벽은 접합 부분이 특히 정밀하게 시공되어야 하며, 방충에 대한 대비 또한 고려되어야 한다.

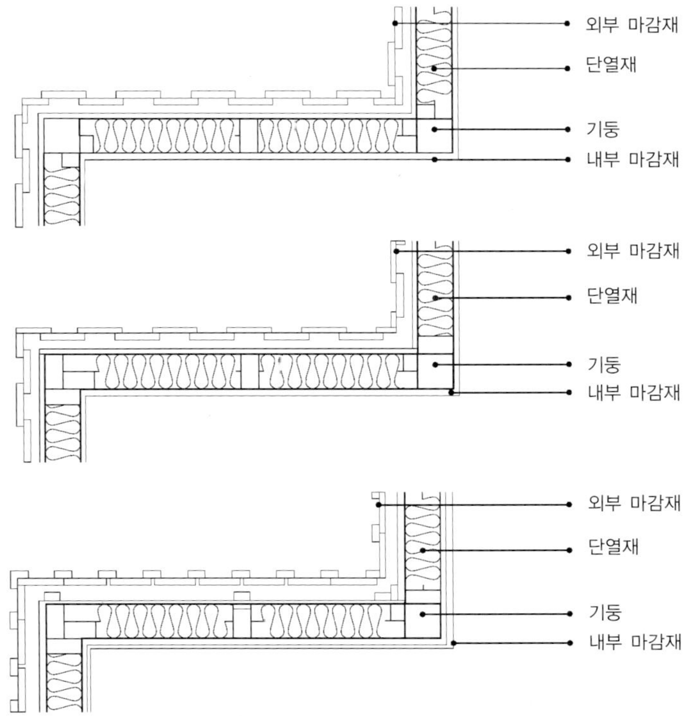

그림 7.9 목조 외벽구조 평면

커튼월

커튼월구조는 외벽 마감재가 구조체와 완전히 분리된 구조로서 건축물의 골조가 세워진 후 완성된 외벽 마감재를 외벽면과 면하는 골조의 바닥, 천장의 외벽과 만나는 부분에 부착시켜 외벽을 마감하는 방법이다. 손쉽게 미리 완성된 외벽을 사용하여 마감하는 공법으로 현대건축에서 많이 사용하는 방법이지만 완성된 마감재에 외벽으로서의 기본적인 기능, 즉 창호, 벽체, 단열, 방수, 방풍 등의 기능이 미리 만들어져 골조에 부착되는 방법이므로 마감작업시 정밀시공이 요구된다.

그림 7.10 커튼월 외벽구조 단면

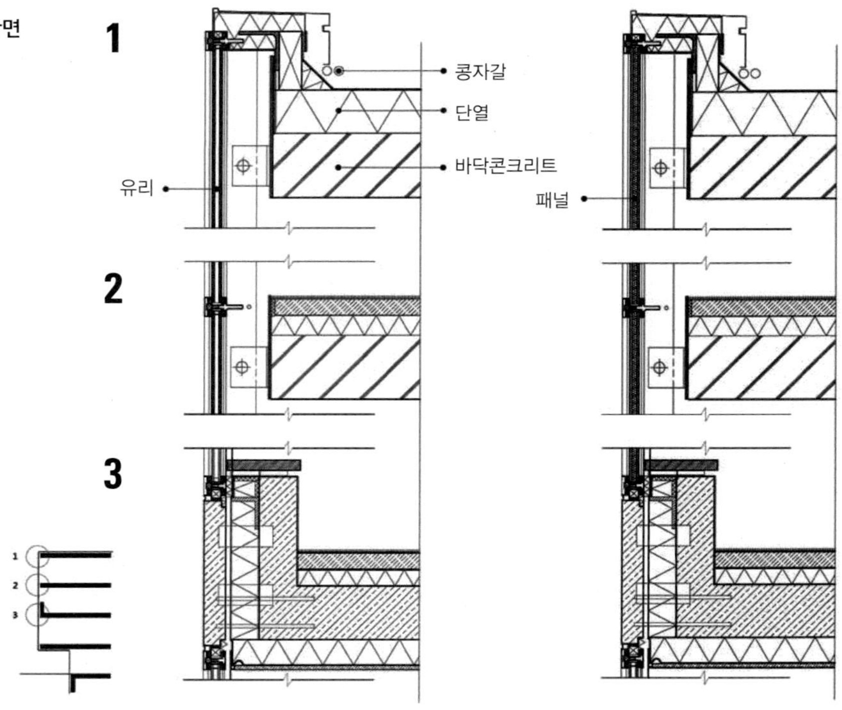

지붕

지붕은 크게 경사지붕과 평지붕으로 나뉘며 그 기능은 외벽과 동일하게 구조체로서 혹은 마감재로서 건축에서의 기능을 담당하고 있으며, 기능이 성공적으로 이루어지기 위해서는
첫째, 건물을 상하게 하는 내 · 외부로부터의 요인을 차단하고
둘째, 사용자가 쾌적한 상태에서 사용할 수 있도록 상온을 만들어주는 역할이 필요하다. 경사지붕과 평지붕을 구성하는 단계는 비슷하나 외벽과 달리 물이 고이지 않도록 하는 처리가 반드시 필요하다.

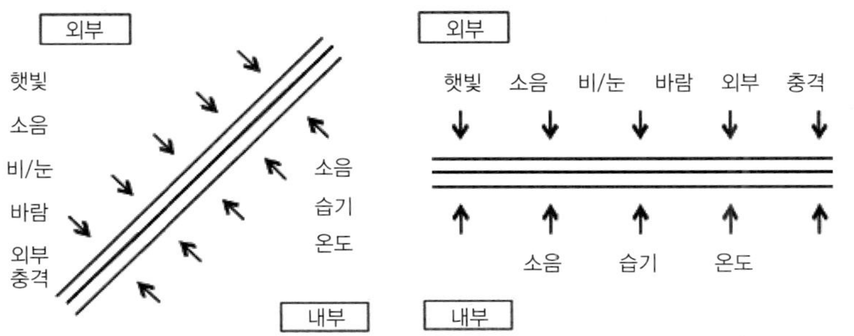

그림 7.11 경사지붕, 평지붕의 역할과 기능

경사지붕

경사지붕 구조는 목구조 외벽과 비슷하며 마감재가 기와 혹은 방수층이 형성되는 점이 다른 점이다. 주심도리와 용마루 사이에 60~80cm 간격으로 서까래가 설치되고, 서까래 위에는 퍼린이 놓여지는데 퍼린은 방수층을 서까래에 고정시키는 기능도 함께 한다. 퍼린 위에 암키와와 수키와가 맞물려 구조체를 형성하는 형식이다. 경사지붕은 설치가 어려운 만큼 유의해야 할 사항이 많다. 60~80cm 간격의 서까래 사이에는 단열재가 설치되어야 하며, 단열재가 보이지 않도록 서까래 아랫부분 거주공간쪽으로는 패널 등으로 마감재를 붙여 구조물이 보이는 것을 감추는 경우가 많다.

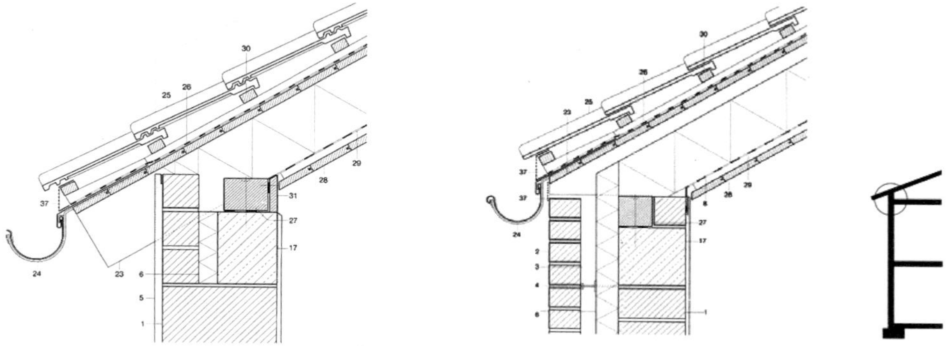

그림 7.12 경사지붕구조

위 그림은 경사지붕에서 서까래와 그 사이에 단열재가 시공되어 있고, 서까래 아래, 위로 방수층과 마감재가 있으며, 그 위로 퍼린과 기와가 맞물려 경사를 이루고 있다.

평지붕

평지붕의 구조는 현대사회에서 가장 많이 사용하는 지붕구조이며, 근본적으로 철근콘크리트 외벽

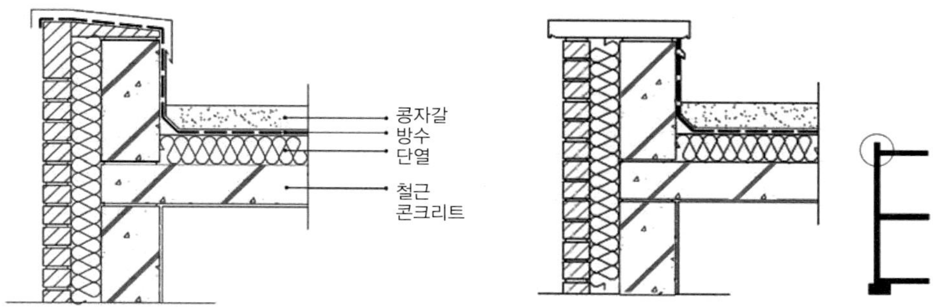

그림 7.13 평지붕 구조

평지붕 구조는 철근콘크리트 외벽과 비슷하며 마감재가 콩자갈과 방수층으로 형성되는 점이 다른 점이다. 평지붕의 가장 아래에는 철근콘크리트 지붕으로 깔려 있으며 그 위에 방수층이 칠해지거나 붙여진다. 그리고 그 위에 단열층이 두껍게 만들어지며 단열층 위에 다시 2~3겹으로 방수층이 덮여진다. 방수층 위에는 다시 모르타르가 칠해지기도 하나 콩자갈 같은 작은 자갈을 깔아줄 경우 뜨거운 태양과 겨울의 추위에 얼었다 녹았다를 반복하며 마감재가 파괴되는 현상을 피할 수 있다.

구조와 비슷하다. 다만, 마감재료가 비싸지 않고 물이 고이지 않고 흐를 수 있도록 2~3%의 경사를 가지고 있어야 하며, 경사는 배수로와 연결되어 물이 고이지 않도록 정밀하게 시공되어야 한다. 평지붕이지만 평평해서는 안 되는 것이 평지붕이다.

바닥

바닥은 우리 생활과 밀접한 관계를 가지고 있으며 거주의 질을 좌우한다. 바닥의 울림은 건물 진동에 의해 아래 위로 퍼질 수 있으므로 방음처리가 꼭 있어야 한다. 또한 바닥 난방을 주로 하는 우리나라에서 바닥구조는 매우 중요하다고 할 수 있다.
바닥은 철근콘크리트 혹은 목조로 이루어지며 난방의 구조에 따라 약간의 차이를 보인다. 공동주택이 대부분인 현대사회에서 바닥은 과거의 바닥구조보다 조금 더 구체적인 내용을 필요로 하며, 설계에서 시공까지 그 기능이 많아졌다.

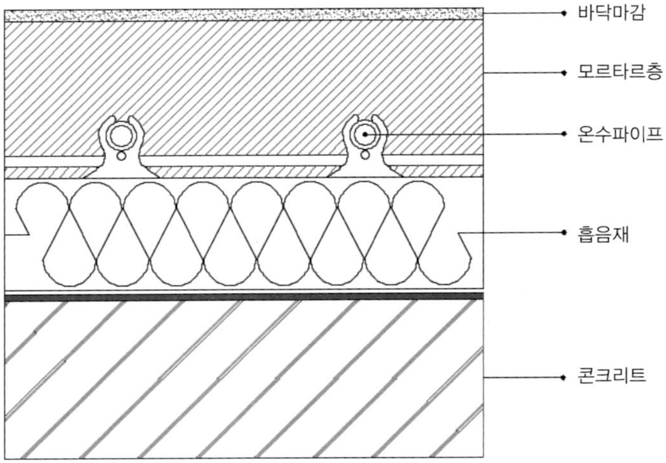

(a) 바닥구조 기본

바닥구조의 전형적인 형태를 나타내고 있다. 철근콘크리트 바닥에 50mm의 소음방지층, 그리고 20mm의 모르타르층, 그리고 그 위에 난방파이프를 위한 45~50mm의 난방파이프와 함께 하는 모르타르층이 형성된 후 마감재로서 카펫, 장판재 등의 순서로 바닥구조가 형성된다.

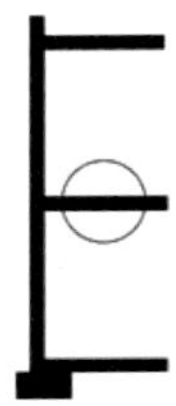

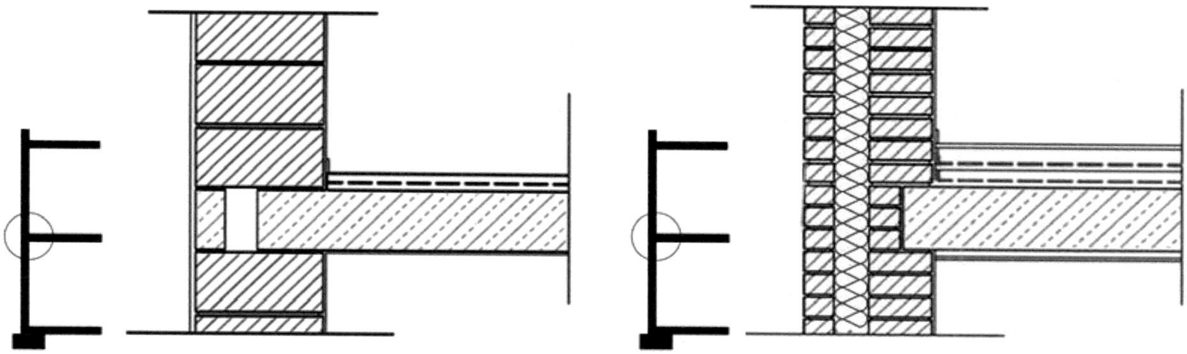

(b) 조적벽 + 바닥

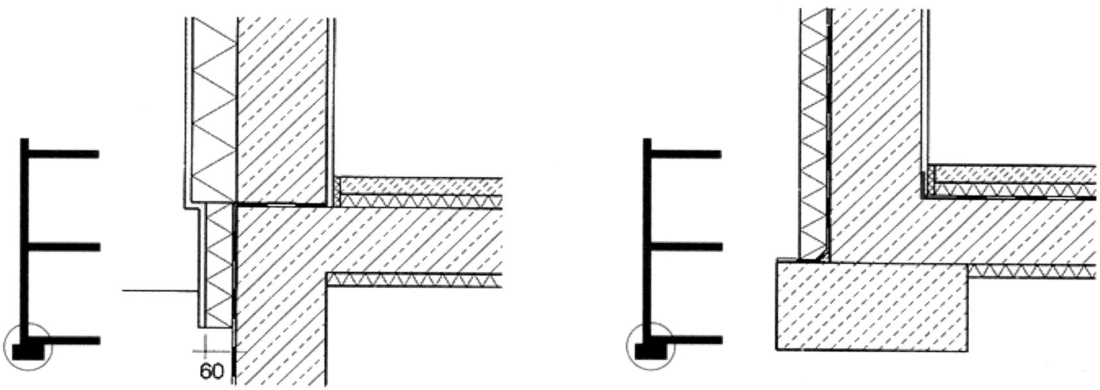

(c) 지면 바닥

그림 7.14 바닥구조

실내와 외부 지하 부분에서의 바닥구조가 벽면과 연결되는 부분의 상세도를 나타내고 있다.

계단

계단은 공간을 수직적으로 연결해주는 가장 많이 쓰이고 가장 기본적인 요소이다. 계단은 기본적으로 철근콘크리트, 철골, 목조구조 등으로 만들어지나 마감재로 다양한 재료가 쓰이며, 구조체와 마감재의 차이를 보이며 발전하고 있다. 계단은 높이를 좌우하는 챌판(h=챌판의 높이)과 디딤판(b=디딤판의 깊이)으로 구성되며, $2h+b=62\pm1$의 공식을 충족시킬 때 사용하기 편안한 계단이라고 볼 수 있다.

철근콘크리트 계단

철근콘크리트 계단은 구조체를 통상 철근콘크리트로 만들며 마감재는 환경에 따라 석재, 목재, 플라스틱 등 다양한 재료를 사용한다.
콘크리트 양생기간이 끝난 후 마감재를 부착하여 완성한다.

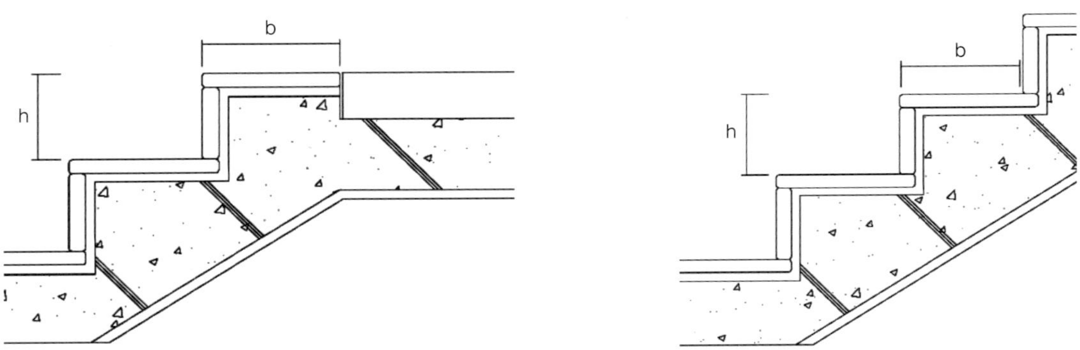

그림 7.15 계단

철근콘크리트구조로 구조체를 만들고 챌판과 디딤판을 구조체 양생 후 설치한 것으로 가장 많이 사용하는 형태이다.

철골 계단

철골 계단은 경량구조로 현대건축에서 많이 사용한다. 철제빔이나 H형강, 강관, 각관 등으로 구조체를 만들고 그 위에 계단을 만들고 디딤판을 설치하여 완성한다.

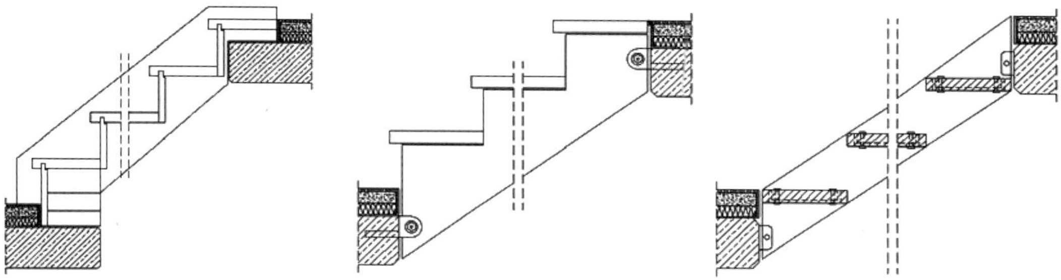

철근콘크리트 계단　　목재 계단　　철골 계단

그림 7.16 철근콘크리트, 목재, 철골 계단

철골구조 혹은 강관으로 구조체를 만들고, 철판을 이용하여 챌판을 만들고 목재로 디딤판을 만들어 완성한 것을 나타냈다.

chapter 8

프레젠테이션

Design Presentation

프레젠테이션(Presentation)

프레젠테이션이란?

프레젠테이션이란 설계자가 자신의 생각을 정해진 시간과 장소에서 글이나 그림 또는 다른 각종 기법들을 활용하여 발표하는 것을 말한다. 설계 과정에서 초기 대지에 대한 분석이나 프로그램에 대한 분석 내용을 프레젠테이션하는 것부터, 설계개념에 대한 프레젠테이션, 그리고 최종설계안에 대한 프레젠테이션이 모두 해당된다. 프레젠테이션 기술에 따라 비록 같은 내용일지라도 좋게 받아들여질 수도 있고, 좋지 않게 받아들여질 수도 있기 때문에 프레젠테이션은 설계자에게 있어서 매우 중요한 단계이다.

그림 8.1 프레젠테이션 장면(ⓒ 최소영)

프레젠테이션의 목적

일반적인 프레젠테이션은 설계자가 자신의 생각을 건축주나 관련인, 시공자 등에게 설명하는 기능으로서 필요한 과정이지만, 크게 보면 두 가지의 프레젠테이션 목적을 구분해 볼 수 있다. 첫째는 '설명' 을 중시하는 프레젠테이션이며, 두 번째는 설명보다는 의도를 전달하기 위한 프레젠테이션이다. 설명과 의도의 차이는 미묘하지만, 건축가에게 있어서 설명은 모든 사람이 설계한 내용을 쉽게 이해할 수 있도록 기능적이고, 일반적인 사항들에 대한 전달을 목적으로 한다고 할 수 있는 반면, 의도의 전달은 건축물에 내재된 건축가가 주장하는 가치를 각종 표현방법을 통해 전달하는 것으로서 보다 복합적이고 의미적이라 할 수 있다.

의사전달과정으로서의 프레젠테이션

건물설계가 완료된 후 건축주나 시공자 등에게 전달하기 위한 의사전달과정으로서의 프레젠테이션에 포함되는 일반적인 내용은 다음과 같다. 건축물의 면적과 주요 용도, 층수, 실의 종류와 크기, 출입구의 수와 위치, 계단 등 동선의 형태, 식당 및 다목적 공간의 좌석수, 건축물의 단면 높이 및 최고 높이, 구조의 방식, 건물외장재의 종류 및 색상, 엘리베이터의 수용인원, 화장실 변기의 수, 기계실, 전기실 등의 위치이다. 그 외에도 식재나무의 위치, 주차장의 수 및 위치, 주차방식, 간판의 모양과 위치 등 건물의 기능에 따라 일반적으로 표현되는 내용들이 추가될 수 있다.

의사표현과정으로서의 프레젠테이션

의사표현과정으로서의 프레젠테이션은 주로 건축물의 설계과정을 건축주나 건축평론가에게 소개하거나 자신의 작품을 공개적으로 발표할 때 쓰인다. 일반적인 프레젠테이션을 통해 각종 정보는 쉽게 전달되기 때문에 의사표현을 위한 프레젠테이션에서는 일반적인 정보를 다시 언급할 필요가 없다. 그러나 의사표현을 위한 프레젠테이션은 건축가의 건축작품에 대한 심도있는 설명이기 때문에 보다 복합적이고, 각 개인의 취향과 의도에 따라 프레젠테이션 방법이 각각 다른 모습을 띨 수 있다. 예를 들어, 건물에 매우 심각하고 진중한 의도를 불어넣고 이를 설명하기 위한 건축가라면 건물의 표현방법에서 매우 묵중한 느낌을 표현하기 위한 방법을 제시할 것이고, 가볍고 흥겨운 분위기를 목표로 한 건축물이라면 그 표현방법도 매우 흥겨울 것으로 예상할 수 있을 것이다.

프레젠테이션 방법

가장 쉬운 프레젠테이션 방법은 말이나 글로 하는 것이다. 그러나 말이나 글은 형태를 가진 사물에 대해 설명하는 것이 쉽지 않다. 건축이나 사물을 다루는 분야에서는 그림이나 도면을 통해 프레젠테이션하는 방법을 사용한다. 경우에 따라서는 실물 모형을 만들어 설명을 보완하기도 한다.
건축물은 3차원 형상물이기 때문에 모형으로 보여주는 것이 가장 쉬운 표현방법이지만 스케일이 작은 모형은 조감형태로 건축물을 내려다보기 때문에 일상에서 거주하는 사용자들의 투시 시각에서 건축물을 표현한다고 보기는 어렵다. 지상레벨에서의 투시도기법이 프레젠테이션기법으로 많이 사용되기도 한다.
건물의 내부를 보여주는 방법으로 투시도법이 사용되기도 하지만, 좁은 실내를 투시도로 표현하는 것은 쉽지 않을 수 있으며, 모든 장소를 투시도로 표현하기도 쉽지 않다. 따라서 객관적인 내부공간 설명을 위해 평면도나 단면도를 이용하는데, 3차원 공간이 2차원 도면으로 표현된다는 한계가 있으므로 건축을 공부하는 사람은 평면도나 단면도를 통해 3차원 공간을 어느 정도 상상할 수 있는 역량이 필요하다. 요즘에는 컴퓨터를 이용한 프레젠테이션 방법이 많이 개발되어 컴퓨터 화면상에서 동영상을 이용한 실제 가상공간 체험이 가능하기도 하며, 프레젠테이션의 새로운 시대를 맞이하고 있으나 자신만의 방식에 의한 표현방법을 통해 자신의 건축관을 드러내고자 하는 깊이 있는 표현방법을 알아두는 것도 유익하리라 생각된다.

스케치와 다이어그램(Sketches & Diagrams)

스케치와 다이어그램은 디자인 프로세스에 있어 필수불가결한 요소이다. 디자이너가 자신의 아이디어를 생성하고, 이를 조직화하여 형식화하는 중요한 수단이다.

디지털 혁명과 컴퓨터 기술이 건축생산의 전반적인 패러다임을 바꾸어 놓은 현재에 있어서도 프리핸드 스케치는 건축설계 프로세스에 있어 여전히 유효한 도구이다. 종이와 필기구를 사용하는 어쩌면 가장 원시적인 시각적 커뮤니케이션 수단인 스케치는 또한 가장 빠르고 직관적이며, 효과적으로 디자인 아이디어를 전달하는 방법이기도 하다. 건축가는 손의 감촉이 느껴지는 스케치의 과정을 즐기며, 손의 감각과 이야기가 담긴 진솔한 스케치를 그려낼 수 있어야 한다.

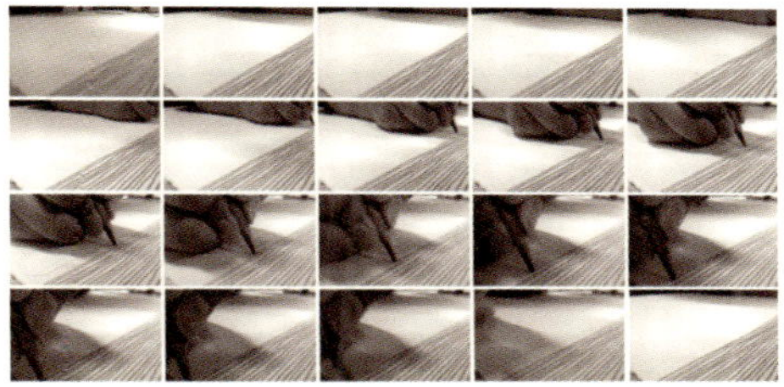

그림 8.2 개념 스케치

설계의 초기 단계에서 스케치는 개념을 생성해내고 건축적 아이디어를 위한 영감을 가져다주기도 한다. 그리는 행위는 본질적으로 머릿속에 흩어진 단편적인 생각의 파편들을 재구축하여 질서를 부여하는 작업이기 때문이다.(Vertical Memorial 개념스케치, ⓒ 엄기범)

개념 스케치

개념 스케치는 디자이너의 개념과 상상 속의 도상을 아이디어에 대한 건축적 대안으로 재현해 낸 통합적 결과물이다. 빠르게 그려지는 이러한 시각화 작업은 설계 발전 단계에 따라 개략적인 초기 이미지로부터 구축에 필요한 상세 정보가 담기는 디테일 스케치까지 다양한 양상으로 나타날 수 있다. 스케치란 본질적으로 임시적이며 비결정적인 속성을 갖지만, 개념 스케치는 설계안의 이상적이며, 필수적인 상태를 묘사하고, 예측하는 직관적인 시각언어이다. 직관이란 결국 눈과 손의 감각, 그리고 머리에 관련된 일이기 때문이다.

개념 스케치는 아이디어의 발전과 함께 건축의 전체적인 조형과 형상을 도출해 내고 이를 시험하는 기능을 수행하기도 한다. 빠르게 여러 대안을 비교하고 검토해 볼 수 있는 점은 스케치가 가지는 가장 큰 장점이다. 한편 건축의 전체적인 형태가 결정되었을 때 개념 스케치는 평면 및 입 · 단면의 세부적인 사항들을 건축적 개념과 조율하면서 발전시키는 역할을 담당한다.

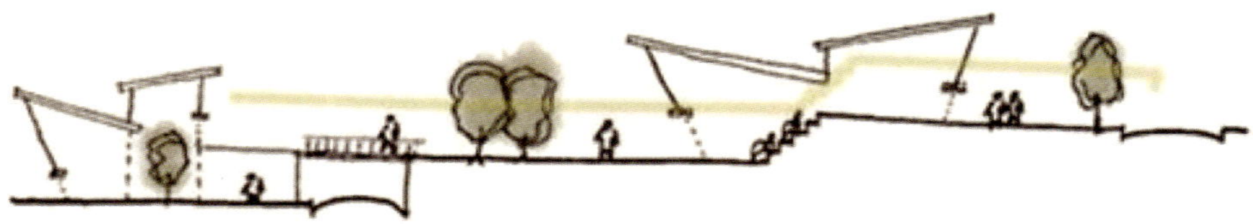

그림 8.3 단면 개념 스케치 a

(Clip# Campus in Natural Urban 단면 개념 스케치, © 최이슬)

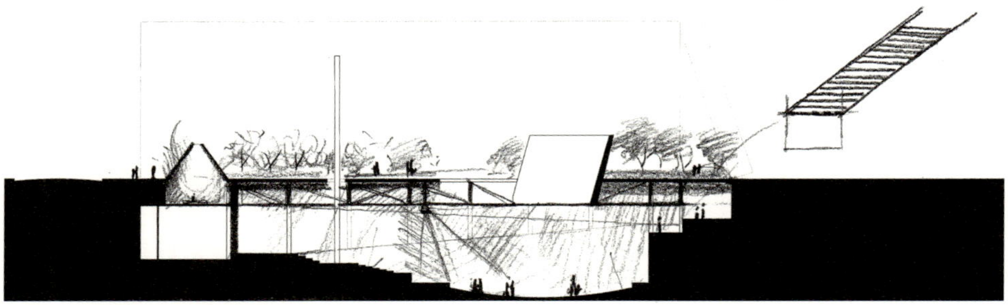

그림 8.4 단면 개념 스케치 b

(도심 명상센터 단면 개념 스케치, © 이정운)

그림 8.5 경관 개념 스케치

(Our Village 경관 개념 스케치, © 엄기범)

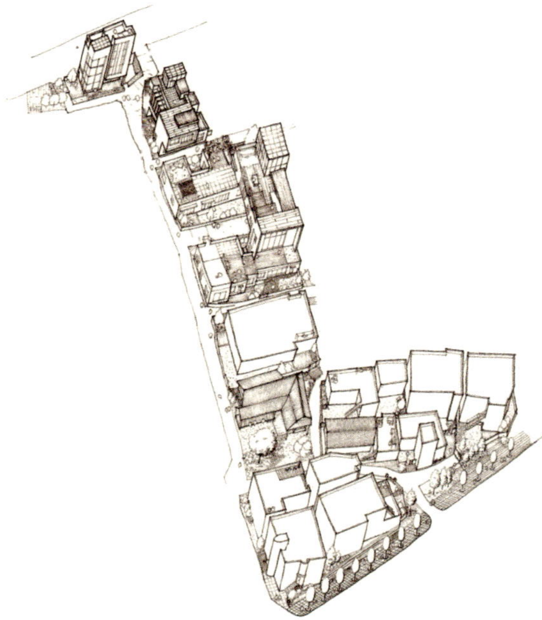

높은 완성도를 가지며 밀도 있게 그려진 개념 스케치는 그 자체가 표현의 중요한 요소가 되어 건축 프레젠테이션에 활용될 수 있다. 이때 스케치는 관찰자에게 직관적으로 이해됨과 동시에 최종적인 재현의 결과물에 대한 판단을 느슨하게 유보함으로써 다양하게 해석되어 읽혀질 수 있는 여지를 확보하게 된다. 결국 스케치는 건축설계 과정에 있어 또 다른 재현의 문제로 귀결된다고 할 수 있다.

그림 8.6 단면 스케치

(Re-Issue; New Community 단면 스케치, © 최이슬)

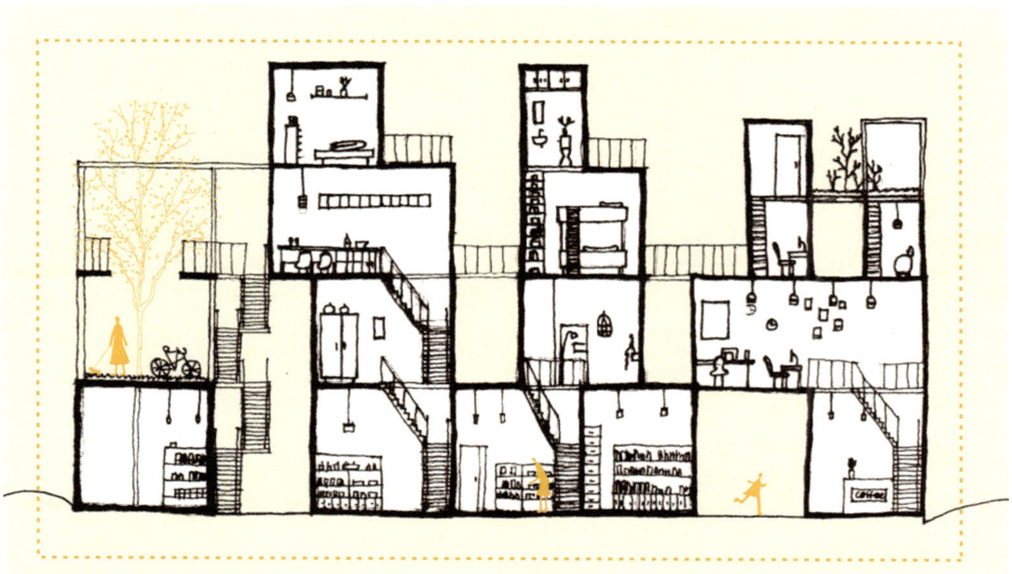

다이어그램

분석적인 스케치와 다이어그램은 추상화된 언어를 통해 건축의 개념을 전달하면서 구체적인 디자인 어휘를 개발하는 수단이라고 할 수 있다. 화살표와 노드, 선과 함께 여러 기호들이 사용되는 분석적 스케치는 곧 다이어그램과 같은 의미를 가진다. 개념적 스케치와 마찬가지로 분석적 스케치와 다이어그램을 통해 디자이너는 자신의 아이디어와 건축적 사고의 전개를 더욱 원활히 할 수 있으며, 특정 디자인 프로세스에 있어서 불필요한 디자인 변수의 개입을 일시적으로 차단함으로써 보다 명확한 설계개념의 발전을 이룰 수 있게 된다.

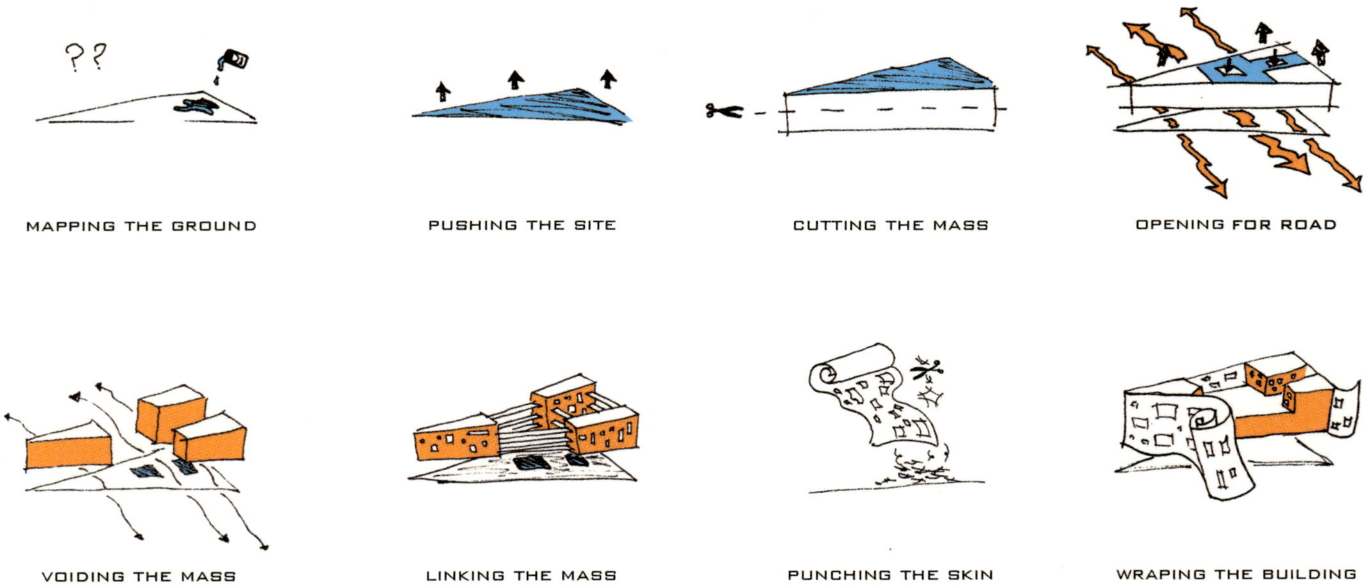

그림 8.7 형태 생성 다이어그램

(신 중앙시장 리노베이션 형태 생성 다이어그램, © 하상준)

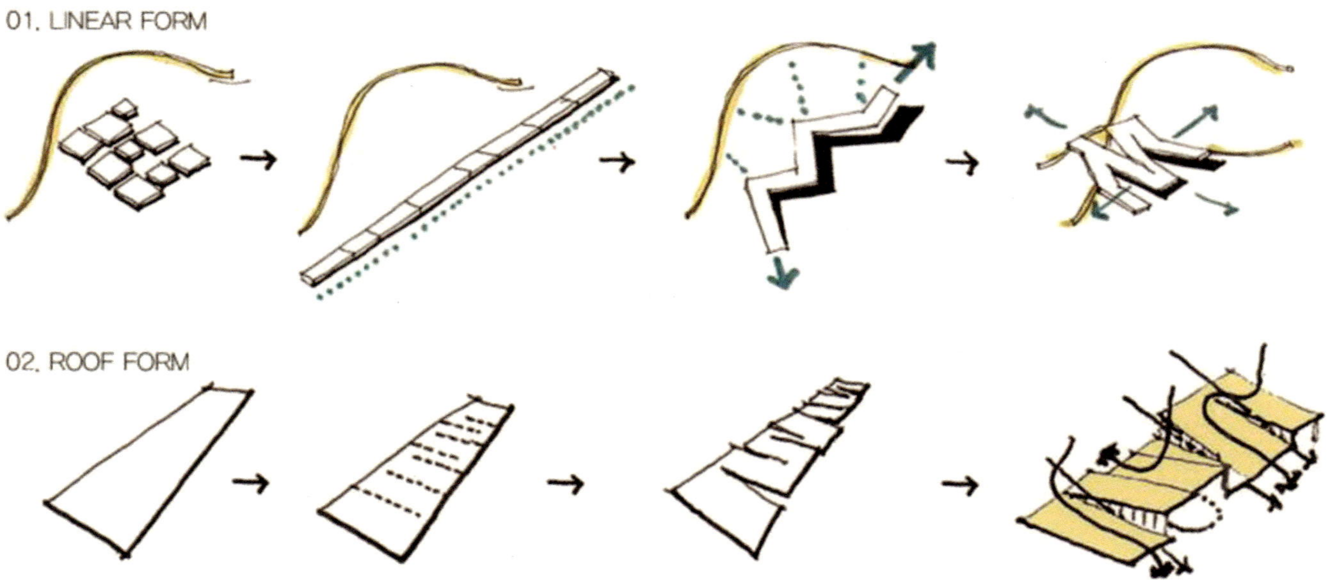

그림 8.8 형태 생성 다이어그램

다이어그램 작업은 논리적인 디자인 프로세스를 뒷받침하는 시각적 도구이다. 이 사례들은 설계의 개념과 연계되어 건축의 형태가 어떻게 생성되고 변화되어 가는지를 보여주고 있다.(Linear Carpet 형태 생성 다이어그램, © 엄기범)

건축기본도면(Architectural Basic Drawings)

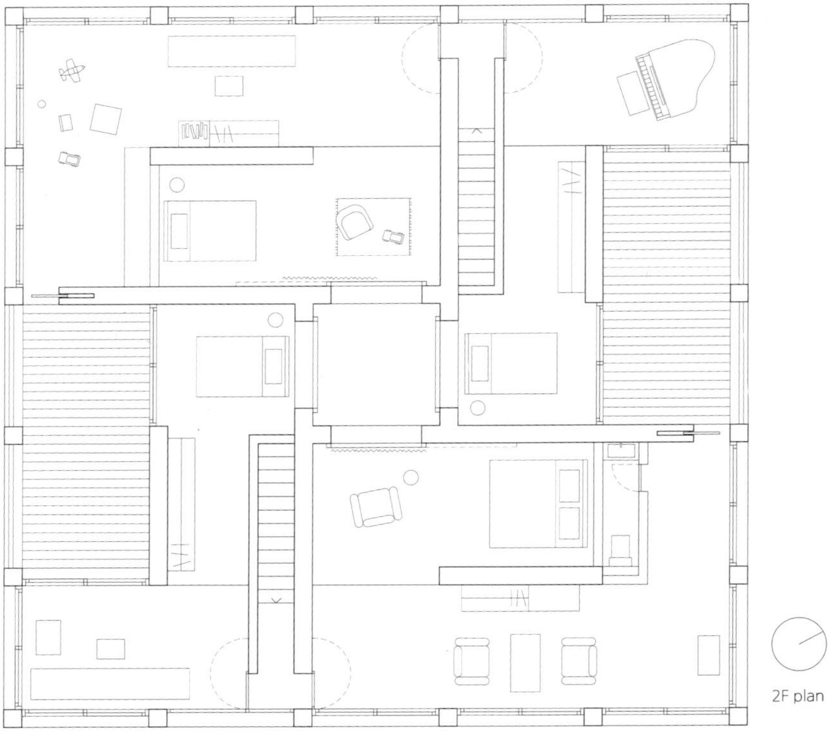

그림 8.9 평면도(© 홍철민)

평면도

평면은 건축표현의 가장 기초가 되는 부분으로서 공간 구획 및 실내 동선을 이해할 수 있는 유용한 도서이다. 설계자 역시 여러 기초적인 구상을 평면과 함께 시작하며 많은 결정을 평면과 함께 내릴 수 있다.

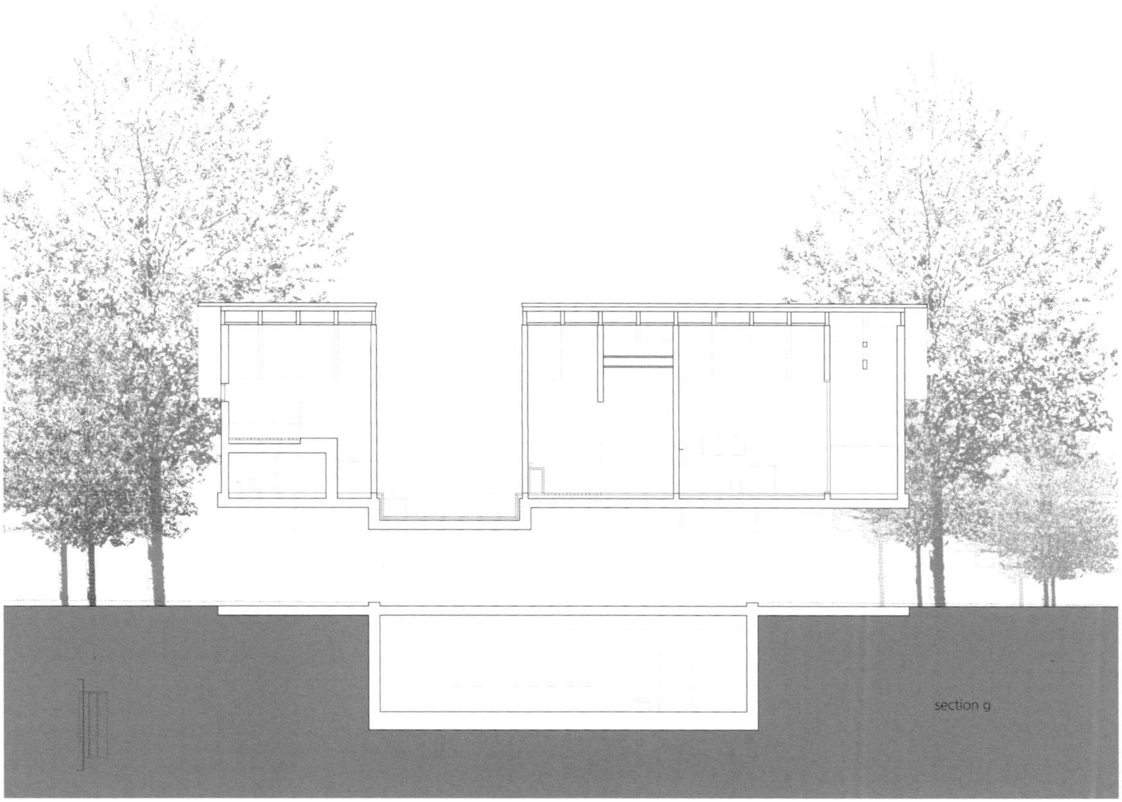

그림 8.10 단면도(ⓒ 홍철민)

단면도

단면도 역시 기초도면의 하나로서 실제 건물에서 볼 수 없는 잘려나간 면을 나타냄으로써 내부와 공간의 수직적인 관계를 볼 수 있다. 이는 건물의 속을 관찰하며 더 많은 정보와 공간감을 알 수 있는 매우 중요한 요소를 담고 있다.

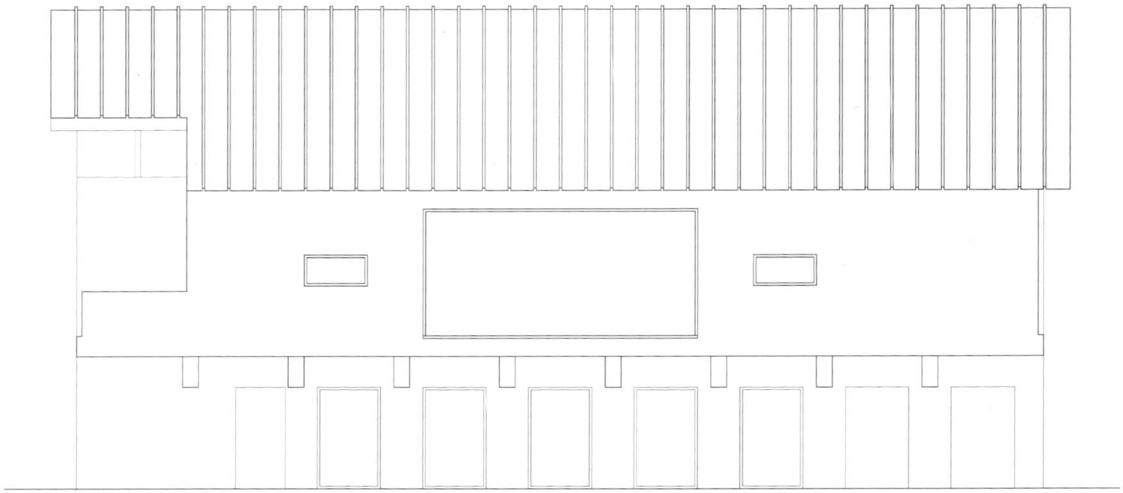

그림 8.11 입면도(ⓒ 홍철민)

입면도

입면도는 건물을 외곽에서 바라보는 얼굴 같은 개념의 도면이다. 방향에 따라 북측, 남측 등 좌표에 의해 혹은 기준에 따라 정면, 배면 등의 명칭으로 부를 수 있다. 특히 입면도는 창의 위치와 비례, 그리고 다양한 외장재료와의 조합을 볼 수 있는 매우 중요한 도면이다.

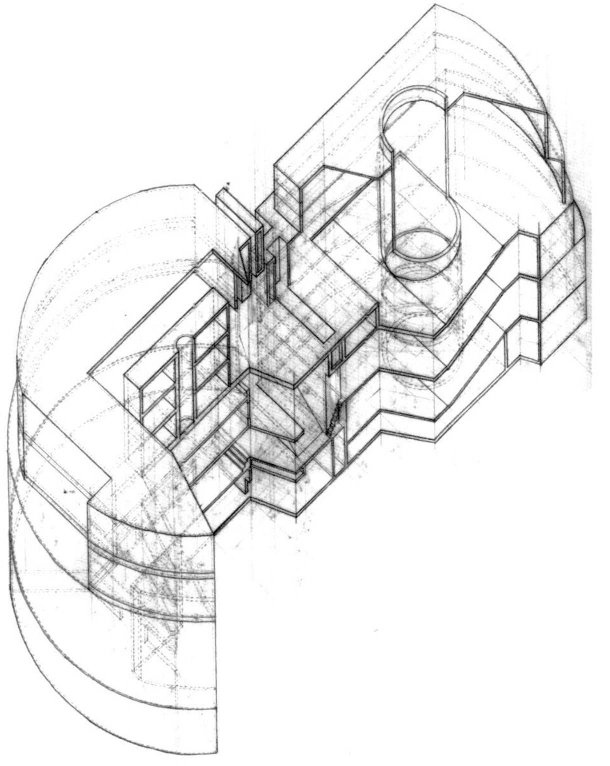

그림 8.12 액소노메트릭(Depth 액소노메트릭, © 박세리)

액소노메트릭

기본적이지만 건물의 3차원 형태를 가장 잘 보여주는 드로잉으로 45도의 각도를 이용하여 제작하게 된다. 세로는 높이를 가지게 되고, 평면은 왜곡 없이 45도가 틀어진 상태로 그려지게 된다. 즉 액소노메트릭은 전체 건물을 마치 모형과 같이 조감하는 도구이자 드로잉이다.

투시도

예시는 1소점 투시도로서 한 곳의 사라지는 소점을 가지고 있는 드로잉이다. 보통 복도나 철도, 그리고 길에서 흔히 볼 수 있는 투시도이다. 소점과 함께 하나의 수평선을 가지게 되며 그 수평선을 기준으로 소점이 위치하게 된다. 즉 바라보는 위치에서 소점을 향해 보이는 벽과 다른 부재가 투시도에 그려지게 된다.

그림 8.13 투시도(Dohbi Salon 투시도, © 신동휘)

건축드로잉 테크닉(Architecture Drawing Technic)

그림 8.14 콜라주 드로잉(동대문 신발상가 A동 리노베이션 프로젝트 Hand draw ngs and Collage, © 조근영)

연필드로잉과 스캐닝

트레이싱지 위에 연필을 가지고 표현한 드로잉으로, 수직방향으로 연속되는 연필선을 조합하여 선들의 밀도 조절을 가지고 높낮이와 공간감을 표현하였다. 이후 원본을 스캔하여 포토샵에서 좀 더 세밀한 컬러를 더하였다. 연필의 텍스처 위에 디지털기법에 의해 부드러운 색을 조합하여 학생이 표현하고자 하는 공간의 깊이를 표현한 좋은 표현결과물이다.

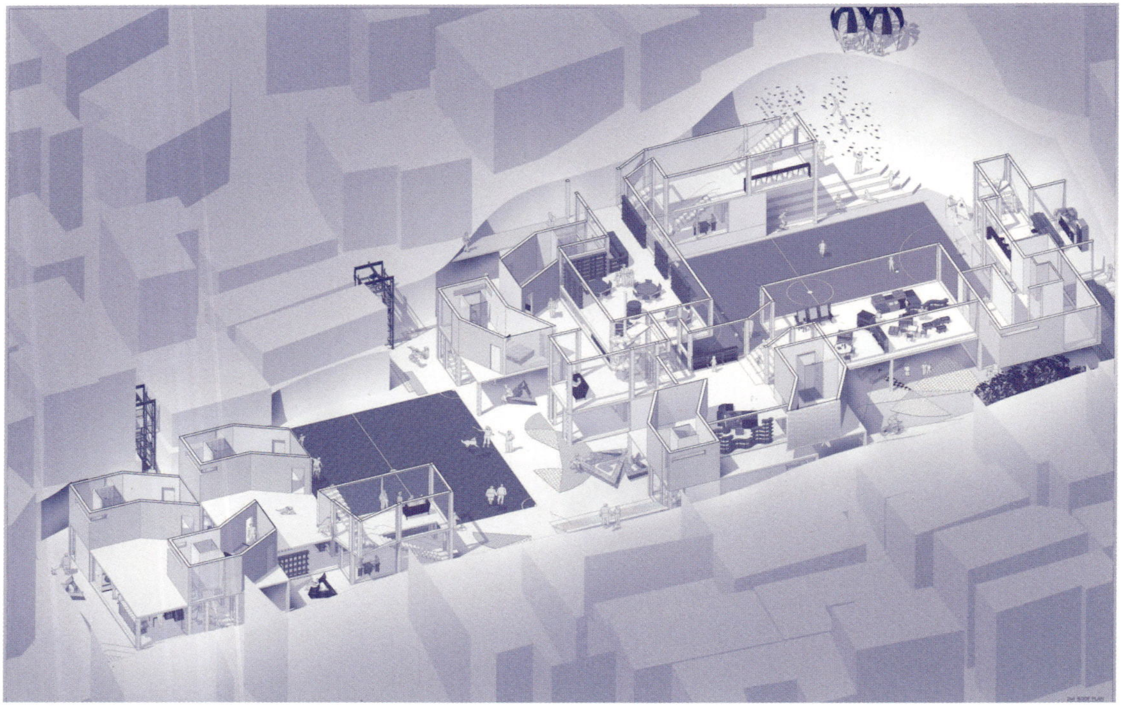

그림 8.15 액소노메트릭(이태원 우사단로 하우징 프로젝트 액소노메트릭, © 이우현)

스케치업 액소노메트릭과 색상 조합

위의 드로잉은 마치 청사진을 보듯, 포토샵으로 청색음영을 주어 가장 중점적으로 표현할 부분을 강조하였다. 기본적인 3차원 모델링은 스케치업을 통하여 쉽게 제작되었으면서도 요소요소의 부재 디테일에 상당히 신경을 쓴 매우 섬세한 드로잉이다. 사람부터 공용공간의 가구까지 스케치업 콤포넌트를 이용하여 마치 영상을 보듯 움직이는 순간을 정확하게 표현하였다.

다이어그램의 해체

아래 드로잉은 건물을 구성하는 모든 요소를 해체하여 건물을 좀 더 유기적으로 구성해본 드로잉이다. 특히 일러스트레이터를 이용하여, 선두께부터 색상의 위계까지 하나하나 조절한 매우 섬세한 드로잉이다. 7가지 색을 기본으로 하여 중심부터 외부로 무지개 색으로 퍼져나가며, 중심을 구성하는 구조체와 설비를 붉은계열로 표현하여 건물의 중심공간을 구성하였다.

스케치업 모델링에서 일러스트로 호환하여 2가지의 컴퓨터 툴로 전체 드로잉을 제작하였다.

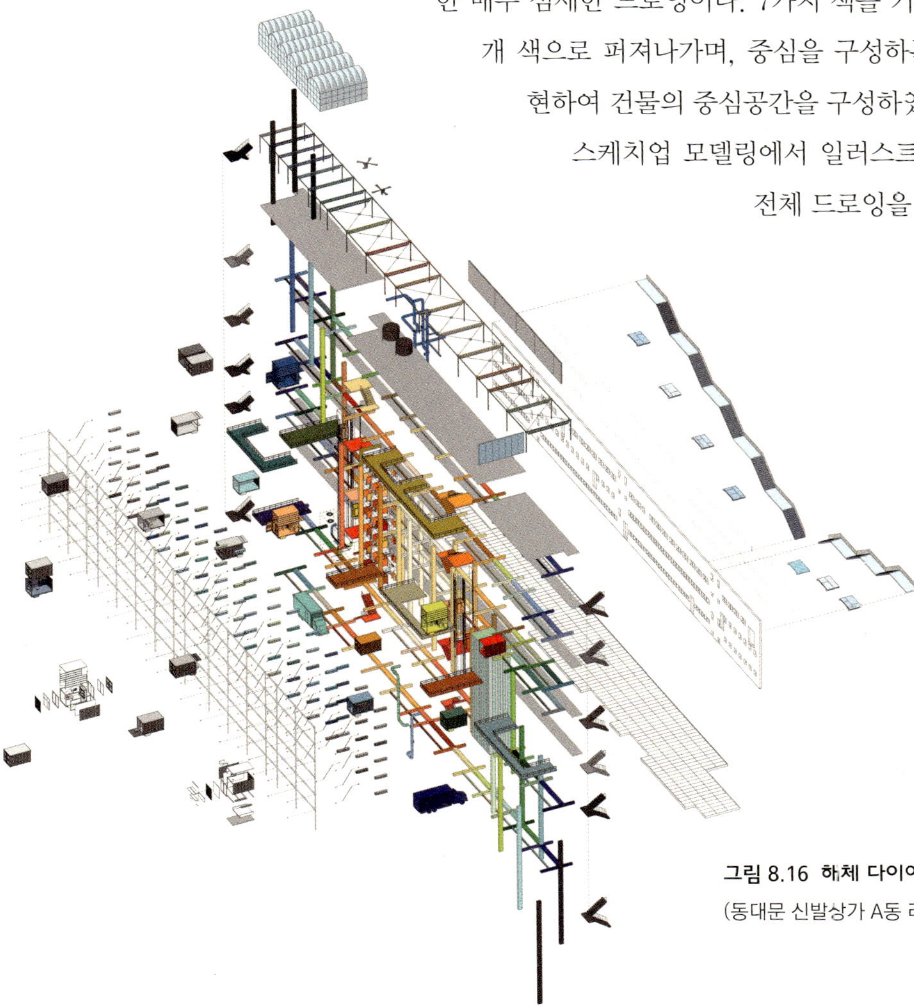

그림 8.16 해체 다이어그램

(동대문 신발상가 A동 리노베이션 프로젝트 Compositions, © 김태희)

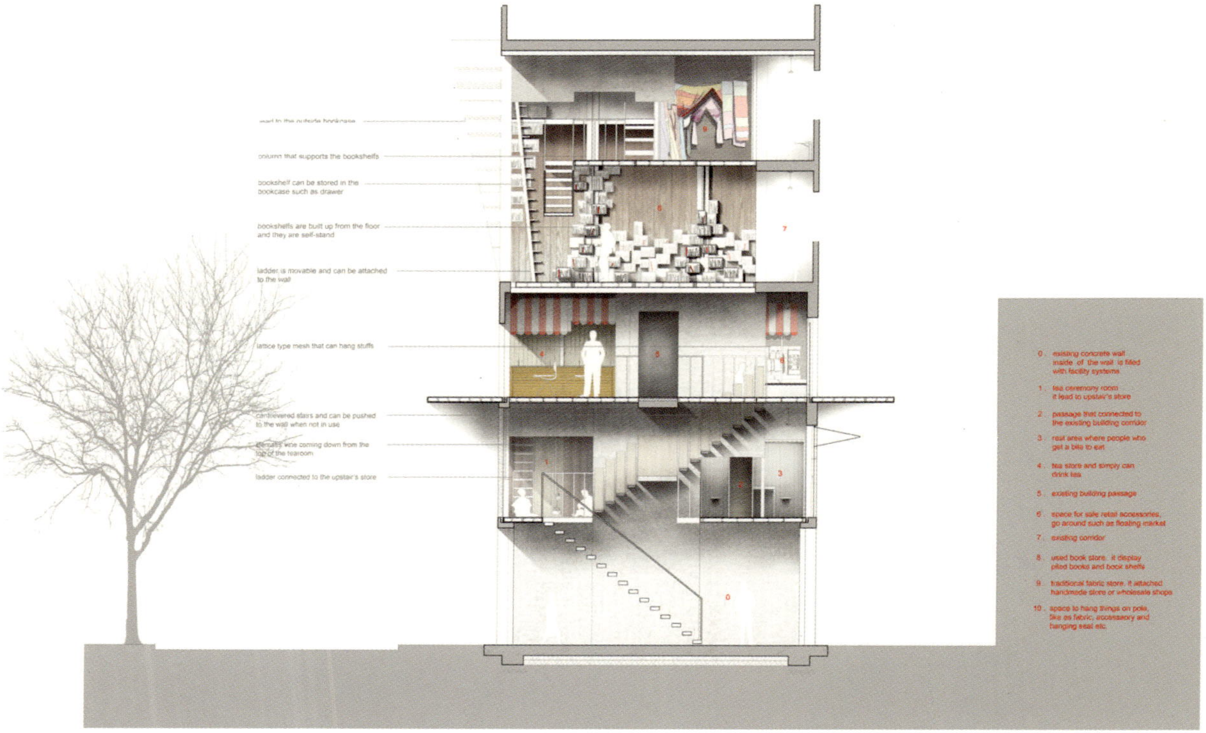

그림 8.17 단면드로잉(동대문 신발상가 A동 리노베이션 프로젝트 Sectional Moments, © 권규형)

단면도와 상세표현

이 단면드로잉은 포토샵 브러시를 이용한 음영표현이 가장 중요한 기술 요소로 제작되었다. 이미 세부적인 공간 디자인이 실현된 위에 학생은 빛의 따뜻함을 브러시 음영을 통하여 매우 섬세하게 표현하였다. 사물이 가지고 있는 그림자와 공간이 만드는 그림자를 정확하게 표현하여 단면을 통해 오히려 더 풍부한 공간감을 나타낼 수 있었다.

그림 8.18 수채화 단면(Architectural Drawing Workshop 과제, © 허은영)

수채화

본 드로잉은 캔버스에 수채화를 통해 건축의 공간을 풍부하게 표현하였다. 수채화 스킬과 더불어 특히 색이 섞이는 부분의 농도를 통해 단면 내에서 동선이 겹치고 이동이 많은 공간을 매우 효과적으로 표현하였다. 백색 배경의 여백과의 대비를 통하여 단면내 빛의 효과와 원근감 역시 효과적으로 표현하였다.

그림 8.19 렌더링(이태원 우사단로 하우징 프로젝트 투시도, © 허림)

투시도와 렌더링

브이레이 렌더를 이용한 3D 드로잉으로 몇 가지의 재질 표현만으로도 투시도의 깊이감을 효과적으로 표현한 드로잉으로 상부에서 하부로 내려다보는 시점을 잘 처리하였다. 의도적으로 가장 하부부터 사람을 표현하여 상부까지의 스케일감이 잘 표현되었으며, 빛의 방향 역시 시간에 맞춰 오후 한 때의 표현을 적절히 나타내었다.

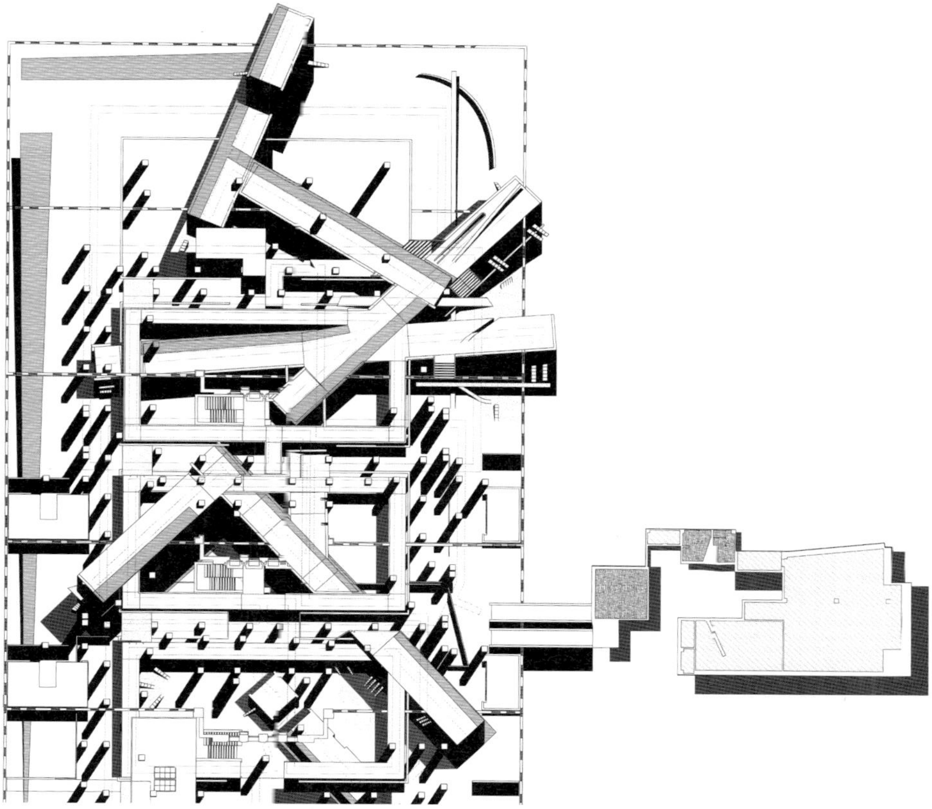

그림 8.20 **흑백드로잉**(Architectural Drawing Workshop 과제, © 서한솔)

그림자를 통한 흑백드로잉

본 드로잉은 오토캐드만을 가지고 구성한 층별 드로잉으로 여러 층 속에 실내구성을 그림자 효과를 가지고 제작되었다. 캐드 안에서 쉽게 사용할 수 있는 점선, 선두께, 검정, 그리고 회색해치의 조합으로 공간의 위계를 구성하였다.

건축모형(Architectural Model)

건축설계 과정에서 모형은 디자이너의 개념과 의도를 3차원으로 재현해내는 매체이며, 스케치 등의 드로잉과 상호 보완적인 관계를 형성하며 추상화된 어휘를 통해 건축적 사고를 발전시키는 장치이다. 재현의 관점에서 보면, 모형은 그 표현이 2차원으로 제한되는 드로잉보다 훨씬 중요한 위치를 점유하고 있다고 할 수 있다. 그럼에도 불구하고 모형은 종종 건축의 결과물에 대한 직접적이고 단순한 3차원 재현물로 치부되어 최종 프레젠테이션에 형식적으로 첨부되는 요소로 인식되어 왔다. 그렇지만 디자인 과정에서 모형제작이 갖는 의미와 이를 통해 얻어지는 가능성은 실로 무궁무진하다고 할 수 있다. 더욱이 현대건축의 복잡하고 다층적인 양상 속에서, 건축가들은 디자인의 복합적인 의도를 효과적으로 전달하기 위해 다양한 아이디어와 기법이 사용된 모형의 제작에 점점 더 집중하게 되었다. 그것은 건축을 구성하는 다양한 요소들의 3차원적 관계를 완벽히 이해할 수 있는 유일한 수단이 바로 모형이며, 다양한 모형의 제작은 디자인 과정에서 필수적인 부분이 되었음을 뜻한다고 하겠다.

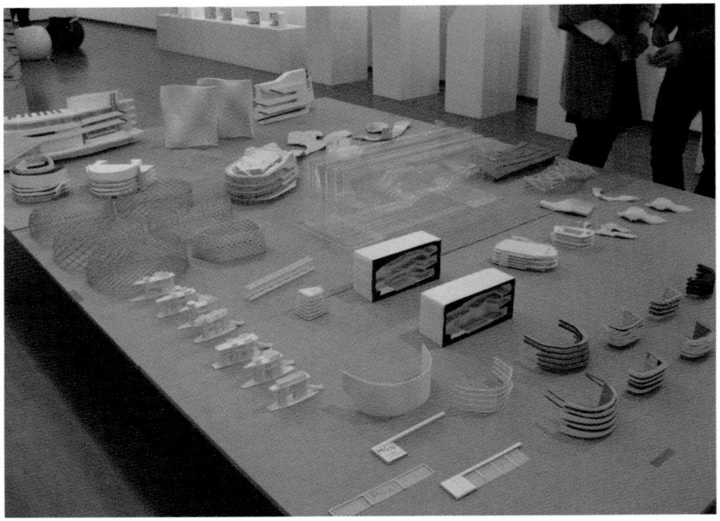

그림 8.21 하나의 프로젝트 설계과정에 제작된 다양한 모형 (한강예술섬 서울 공연예술센터 모형, dmp건축설계, © 유용현)

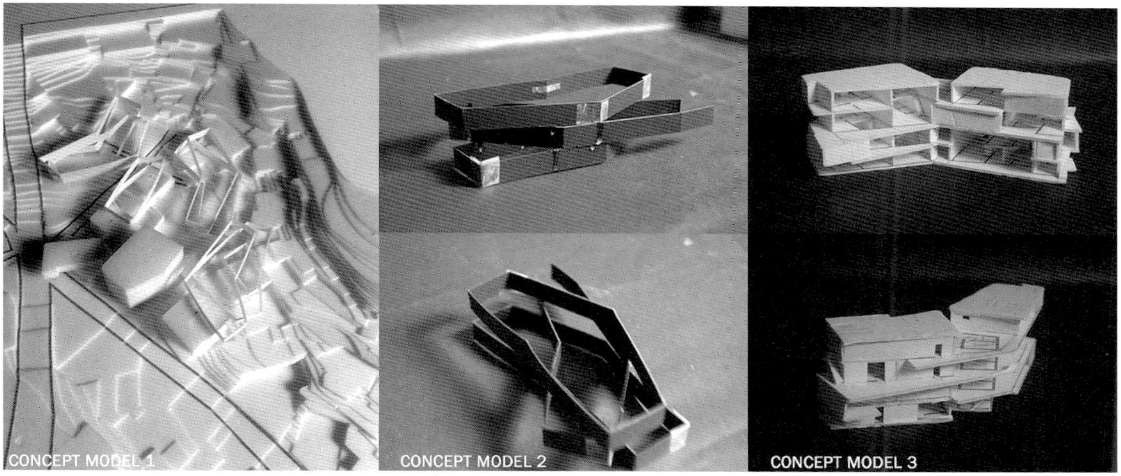

그림 8.22 개념 모형(DIY Shelter for Homeless 개념 모형, © 이정운)

건축모형은 2차원의 평면적 드로잉으로 파악할 수 없었던 전체적인 형태와 볼륨, 대지의 형상과 조형요소 등을 보다 직관적이며 심층적으로 이해할 수 있게 해준다. 또한 2차원 매체의 재현이 가질 수 있는 오류와 모순을 발견하고 이를 수정할 수 있는 단서를 제공한다. 모형작업은 디자이너의 아이디어를 입체적인 형태로 전환시키고, 설계안의 발전에 따라 이를 지속적으로 초기의 생각 및 개념과 비교하여 일치시키는 과정이다. 또한 디자인 요소들의 3차원적 관계성에 대한 정확한 판단과 계측을 도와주는 표현의 수단으로서, 디자이너의 건축적 사고를 확장시키는 기본도구라고 할 수 있다.

그림 8.23 구조 모형
(Group Play 구조 모형, © 오지영)

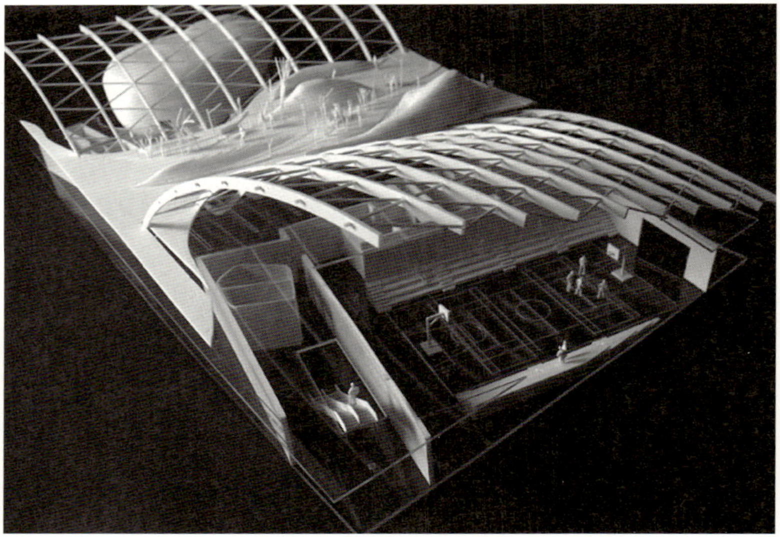

건축설계 단계의 특정한 목적을 위해 모형작업이 사용되기도 한다. 구조와 재료의 접합 등 구축에 관련된 사항을 확인하고 검토하기 위한 구조 모형이나 단면 모형, 부분적으로 상세한 내용이 부가되는 상세 모형, 재료나 색채의 적합성을 검토하기 위한 모형, 입면과 파사드 등의 계획을 위한 부분 확대 모형 등 모형의 제작 범위는 다양하다. 모형의 목적에 따라 그 제작의 방법도 실로 무한하다고 할 수 있는데, 목적에 따라 적절한 모형재료를 사용하고, 적합한 스케일과 제작 방식을 선택해야 한다. 결국 모형제작은 직접적으로 만드는 행위를 통해 생각을 정리하고 프로젝트의 개념에 비추어 디자인 의도를 조정하고 표현하려는 디자이너의 의지가 가장 중요한 요소라고 할 수 있다.

그림 8.24 단면 모형
(Sixth Crossing Corridor Sheikh Rashid Bin Saeed Bridge 단면 모형, 유용현 설계, © FXFOWLE Architects, LLP)

그림 8.25 입면 모형과 투시도 모형

모형을 보다 구체적으로 이용한 건축표현기법으로 건물을 부분적이며 해부적으로 표현하는 방법으로 입면모델, 내부공간모델을 만들어 사용할 수 있다. 이를 통하여 내부동선과 공간의 구성을 효과적으로 표현하고, 이것을 이용하여 디자인방법론에 많은 도움을 줄 수 있다.

컴퓨터 생성 이미지(Computer-Generated Architectural Visualization)

오늘날 컴퓨터로 대변되는 디지털 테크놀로지의 발달은 건축설계 과정은 물론 건축생산의 전반적인 환경과 패러다임을 급속도로 바꾸어 놓았다. 이제 컴퓨터는 건축설계 과정에서 없어서는 안 될 명실상부한 '도구'가 되었으며 그 활용 범위는 점점 더 확장되고 있다. 컴퓨터가 처음 건축설계에 도입된 1980년대에는 단순히 사무자동화나 수작업으로 진행되던 도면 작성을 보조하는 수단이었으나, 현재 컴퓨터는 건축의 개념 생성 단계에서부터 건축의 새로운 형태, 구조, 공간을 실험하고 나아가 새로운 제작과 구축의 방법론을 찾는 양상으로 발전하고 있다.

학교의 설계스튜디오와 실무에서 행해지는 전통적인 설계프로세스에 있어서도 컴퓨터는 다양하게 접목되어 사용되고 있다. 여기에는 설계도면의 작성은 물론 여러 3D 소프트웨어를 활용한 디지털 모델링과 렌더링, 시뮬레이션, 애니메이션, 건축 정보 모델링(BIM), 그리고 다양한 이미지 편집 프로그램 사용과 프레젠테이션 등이 포함된다.

건축설계에 있어 컴퓨터를 또 다른 재현의 매체로 바라본다면, 그 재현이 가지는 설계프로세스에서의 역량과 잠재성은 앞에서 살펴본 스케치나 모형 등의 매체와 크게 다르지 않을 것이다. 그럼에도 불구하고, 오늘날 컴퓨터가 생성해낸 이미지는 건축설계의 과정적 측면보다 최종 결과물에 대한 프레젠테이션 요소로만 인식되고 있는 듯하다. 여기서 컴퓨터라는 매체의 특징과 잠재성을 충분히 인지하고 디자인 과정의 의사결정 체계이자 소통의 도구로써 적극적으로 프로세스와 연계시켜야 하는 필요성이 제기된다.

그림 8.26 디지털 렌더링, 간삼건축 설계 (판교 중심상업용지 개발계획 디지털 렌더링, 간삼건축 설계, © BLUESQUARE)

그림 8.27 디지털 렌더링

디지털 렌더링은 3차원 모델링 프로그램과 렌더링 엔진을 사용하여 컴퓨터로 생성해낸 이미지이다. 실사와 같은 렌더링 이미지를 만드는 작업은 디지털 모델에 재료와 질감을 입혀 현실적인 광선 추적의 메커니즘을 갖는 전문적인 렌더링 엔진을 사용하여 현실과 같은 이미지를 생성하는 것으로 고도의 기술과 장비가 요구되는 전문적인 영역이다. 실무 환경의 설계 프로세스에서는 보통 최종 납품용 또는 프레젠테이션용으로 사실적인 렌더링 이미지 사용이 필요할 때 전문업체를 통해 생성하고 있다. 최근의 추세는 사진과 같은 사실적인 렌더링 이미지보다는 추상화된 표현을 통해 개념과 의도를 전달하는 데 불필요한 정보를 배제하고, 보다 제안적이며 관찰자의 해석과 상상력을 유도하는 렌더링 이미지가 더 많이 사용되고 있다.(뚝섬 생태문화복합센터 계획안 디지털 렌더링, © 하상준)

그림 8.28 디지털 렌더링

이 렌더링 이미지는 건축물의 재료와 질감, 색채를 사용하지 않고 빛과 그림자에 의한 음영 효과만으로 내/외부의 공간감을 보여주고 있는 사례이다. 이처럼 구체적이고 사실적이기보다는 추상적이며 미니멀한 표현의 렌더링 이미지는 관찰자의 해석과 개입을 유도함으로써 다양한 의미를 전달할 수 있다.(문화공생 디지털 렌더링, © 노준현)

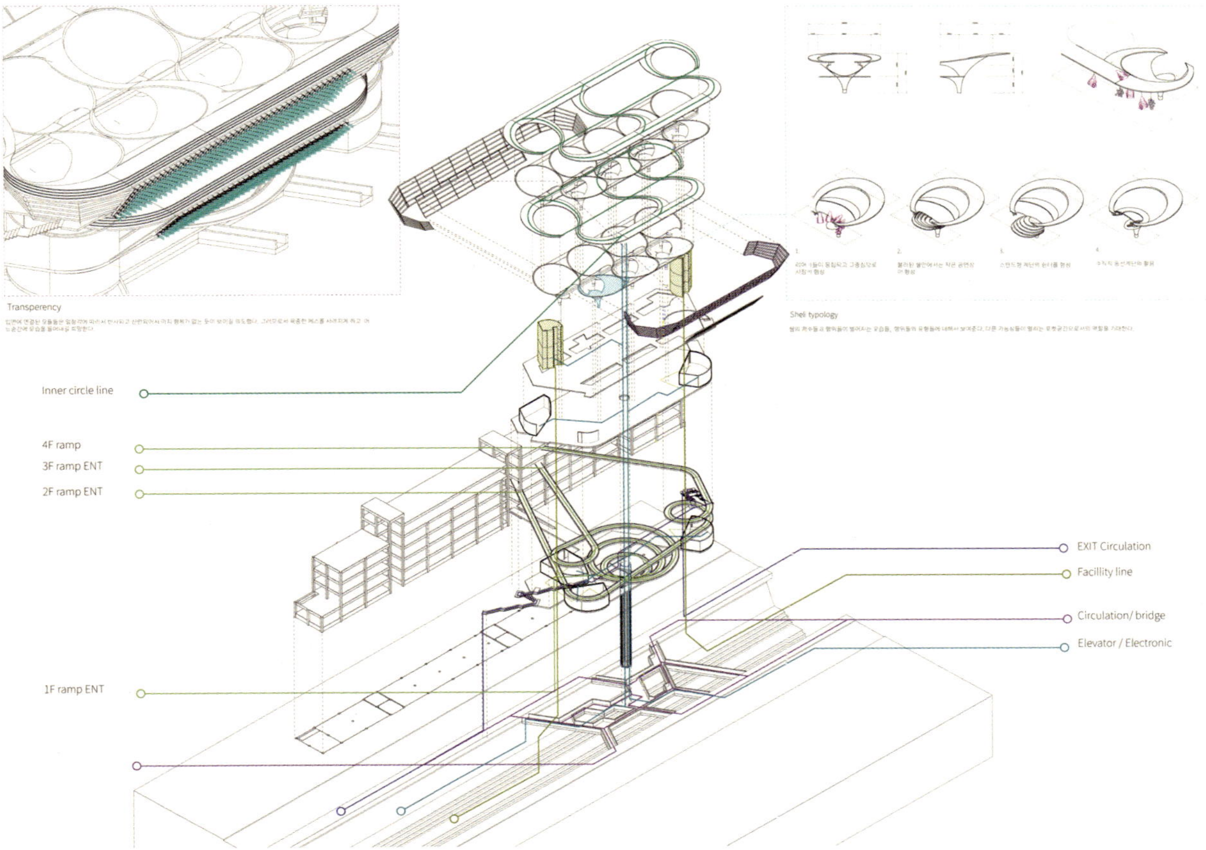

그림 8.29 액소노메트릭

기본적인 3차원 툴을 이용한 다이어그램으로, 별도의 컴퓨터 랜더링 스킬이 아닌 섬세한 라인으로만 개념을 도식화하였다. 특히, 사용하는 컬러를 청색계열로 통일하여 이 안에서 본인이 중요하게 생각하는 부분을 한 가지 색으로 강조, 유기적인 건물형태의 순환동선을 명확히 표현하였다. 또한 사용된 폰트의 크기, 그리고 개별적으로 축척을 달리한 상세 다이어그램의 조합 역시 드로잉을 표현하는 매우 중요한 요소로 사용하였다.(동대문 신발상가 A동 리노베이션 프로젝트 액소노메트릭 다이어그램, © 윤장연)

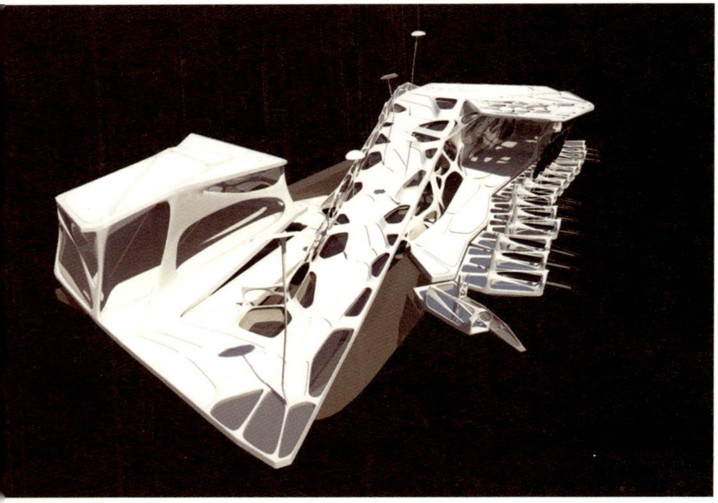

그림 8.30 디지털 렌더링

디지털 모델링은 물리적 모델이 구현하기 어려운 복잡한 형태를 생성하고, 디자인의 발전에 따라 이를 빠르게 수정하는 작업이 상대적으로 용이하다. 그렇지만 디지털 모델과 물리적 모형은 각기 다른 특성을 갖는 매체이며 서로 보완적인 관계를 형성하므로 설계과정에서 무엇이 더 적합한 방식인가의 문제는 디자이너의 판단과 의도에 달려있다고 할 수 있다.(Adaptable Gallery 디지털 렌더링, © 유용현)

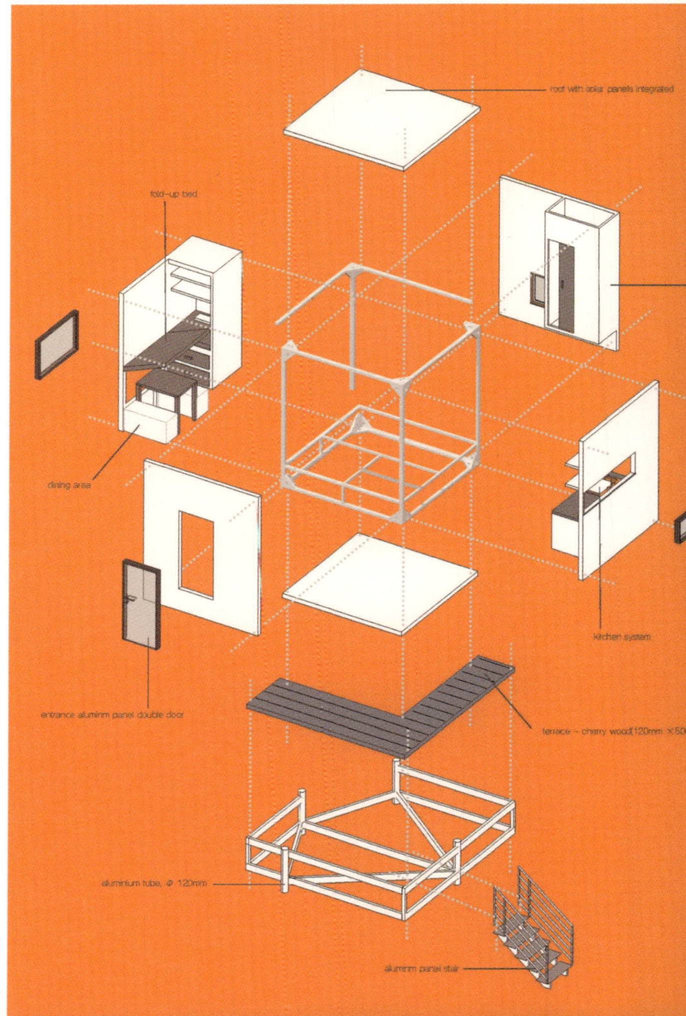

그림 8.31 디지털 렌더링

디지털 기반의 이미지는 자유로운 복제와 조작을 허용하며, 이에 따라 빠르고 다양한 목적의 다이어그램을 생성해 낼 수 있다. 건축을 구성하는 여러 요소를 해체하여 보여줌으로써 그 조합과 배열의 원리를 보다 명확하고 이해하기 쉽게 설명하고 있는 이 다이어그램은 디지털 렌더링과 이미지 편집 프로그램을 사용하여 제작되었다.(Drop Off Unit 디지털 렌더링, © 하상준)

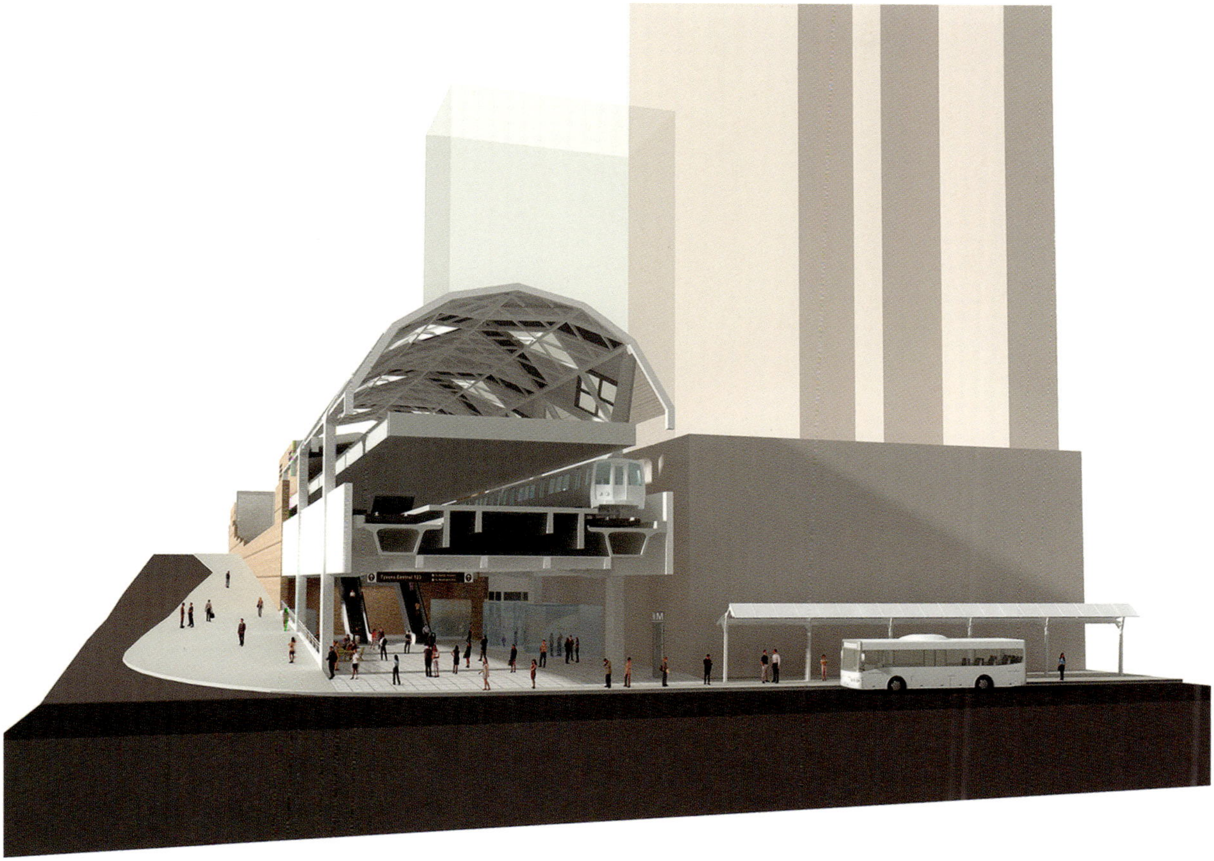

그림 8.32 디지털 렌더링

단면 투시도의 렌더링 이미지는 전체가 모델링된 디지털 모델을 조작하여 쉽게 생성해 낼 수 있다. 디지털 모델은 빠르게 수정이 가능하며 절단면의 선택과 카메라를 통한 시각의 설정 역시 자유롭다. 만약 이와 같은 단면 투시도를 물리적 모형을 통해 재현하고자 한다면 별도의 모형을 제작해야 하며, 상당한 시간이 소요되었을 것이다. 다시 한 번 강조하지만, 디지털 모델과 물리적 모형은 각기 독특한 속성을 통해 서로 다른 재현의 효과를 가져다주며, 건축설계 과정에 있어서도 소통의 수단으로서 설계안의 발전에 기여하는 바가 각기 다르다. 이는 어떤 특정 방식이 다른 방식에 비하여 옳고 그르다로 판단되어야 하는 문제가 아니며, 서로 유기적으로 연계되어 총체적으로 디자이너의 의도와 개념을 발전시키는 도구가 되어야 한다.(Dulles Corridor Metrorail Project 디지털 렌더링, 유용현 설계, © Di Domenico+Partners, LLP)

chapter 9

건축물 사례 분석

Case Studies

건축물 사례 분석 1

건축물 설계에는 건축가가 의도한 디자인 개념이 있다. 건축설계에서 좋은 아이디어를 내기 위해서는 본격적인 설계에 앞서 비슷한 조건의 모범적인 사례들을 찾아 분석해 볼 필요가 있다. 이를 통해 첫째, 아이디어가 실제 건축공간에서 어떻게 실현되는지를 확인할 수 있고, 둘째, 다양한 설계 노하우를 배우고 응용할 수 있다.

임거당 (林居堂)
A house with woods
경기도 일산구, 1998

김효만 (Kim, Hyoman)
이로재김효만건축사사무소

1999 한국 건축문화 대상 본상 수상
2009 제4회 WA 20+10+X 건축상 수상

그림 9.1 건축물의 분석 사례

김효만의 임거당, 1998(설계 ⓒ김효만, 임거당 관련 사진 ⓒ 김용관)

건축물 사례 분석의 전개 순서

건축물 사례 분석은 다음과 같은 순서로 전개한다. 선정한 건축물의 분석에 앞서 우선 그 건물을 지은 건축가의 주요 경력과 수상작을 조사하여 그가 추구하는 건축적 특성과 이론을 대략적으로 파악한다. 건축물 분석은 건물 외부에서 파악할 수 있는 배치와 입면 분석을 먼저하고, 그런 이후에 건물 내부의 평면과 단면을 분석한다.

기본도면 분석을 통해 건축가의 설계 의도를 이해한 이후에는 각자 나름의 주제를 선정하여 대상 건축물을 새롭게 해석해 보는 것도 시도해 본다. 건축물 분석 사례로서 여기에서는 김효만의 임거당을 선정했다.

건축가의 약력과 주요 수상 작품 사례

김효만, Kim Hyo Man

1978-1990 (주)공간종합건축사 김수근 문하에서 실무

1989-현재 이로재김효만건축사사무소 대표

2000-현재 월간 CONCEPT 지 편집위원

2003-현재 서울시립대 / 경기대 / 단국대 / 삼육대 건축학과 겸임교수

2013-현재 서울시 공공건축가

주요 수상 작품

조린헌 Gold medal of ARCASIA, 2005
헤로헌 Gold medal of ARCASIA, 2007 / Award of WA, 2009
임거당 Award of WA (World Architecture Community), 2009
자안재 / 소다헌 Award of WA, 2010 / 2011
가온재 Award of WA, 2015 / Architizer A+Awards, 2014

건축가의 대표 작품 사례

조린헌
2003

자안재
2008

혜로헌
2004

가온재
2012

그림 9.2 김효만의 주택작품

건축가의 약력과 대표 작품 조사하기

본격적인 건축물 분석에 앞서 그 건물을 지은 건축가의 전반적인 건축경향을 파악할 필요가 있다. 건축가의 주요 경력과 수상작을 조사함으로써 그가 추구하는 건축내용과 개성을 대략적으로 알 수 있다. 대표 작품들을 조사할 때에는 각 건물의 전체를 보여주는 이미지를 첨부한다. 이들을 완공 연도 순으로 배열함으로써 해당 건축물이 건축가의 경력에 있어서 초 · 중 · 후반 중 어느 기간에 있는지를 파악해 본다.

건축가의 건축 경향과 이론 사례

> "우리는 건축의 정통성과 순수성을 굳건히 고수하면서, 맹목적인 서구화가 전수되어가고 있는 이 시대 **한국의 도시건축문화의 정체성**을 회복하려 한다. 이를 위해 과거의 전통적 한국성과 이시대 현재와 미래의 현대적 한국성을 동시에 탐색하고 연구함으로써 이제는 외래문화와 구별되는 독자적이며 고유한 한국의 건축도시문화적 정체성을 확립하고자 함이 우리의 목표이며, 그로써 세계 속에 한국건축문화의 존재를 실행하는데 우리작업의 의미를 두고자 한다."

→ 도시 주거에 마당 공간 재현

임거당, 1998　　혜로헌, 2004　　자안재, 2008

그림 9.3 김효만의 주택 스케치

건축가의 건축경향과 이론 조사하기

건축가의 전반적인 경향과 이론 중에서 조사할 건물의 개념과 공통되는 내용을 찾아 정리해 본다. 김효만 건축가의 경우에는 그의 작품 중에서 주요 수상작 중 많은 부분이 주택이었다. 그는 도시 주거를 설계하는 데 있어서 한국의 도시건축문화의 정체성을 특별히 '마당' 설계를 통해 보여주고 있음을 알 수 있다.

건축물 위치도와 개요 사례

대지위치: 경기도 일산구
신도시 주거전용 단지
용　　도: 단독주택
대지면적: 231.6㎡ (약 70평)
건축면적: 107.77㎡ (건폐율: 46.53%)
연 면 적: 199.22㎡ (용적률: 64.27%)
규　　모: 지하1층, 지상2층
구　　조: 철근콘크리트조
외부마감: 노출콘크리트, 미송판

그림 9.4 임거당의 위치도

배치도와 개념도 사례

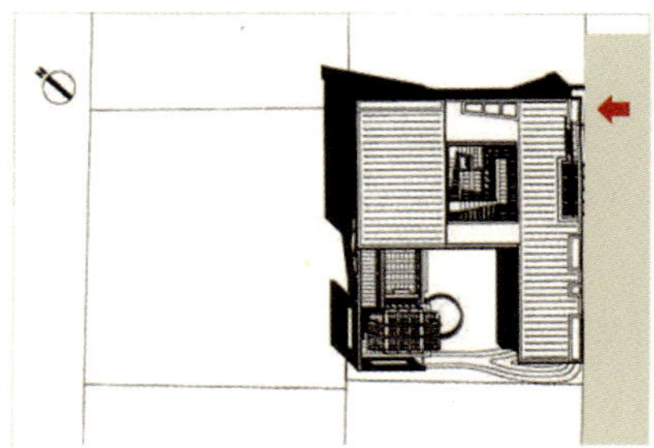

일산 신도시 주거전용 단지
- 70평의 대지면적
- 막힌 담장을 세울 수 없는 규정
- 여분의 외부공간은 도로 공간으로 편입
- 여유로운 외부공간을 확보하기 어려움

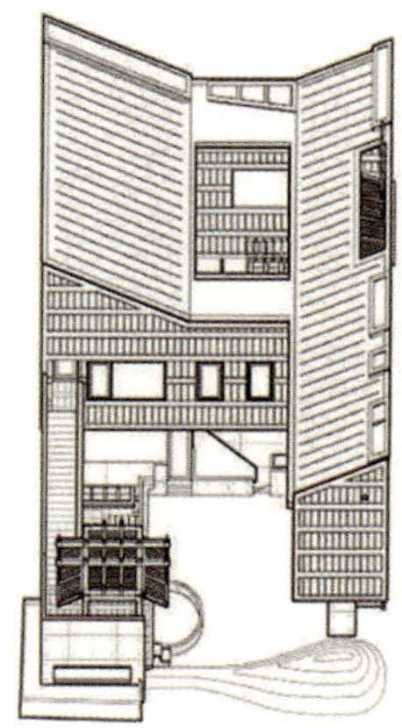

투 상 도

그림 9.5 임거당의 배치도 및 투상도

건축물이 지어지게 된 배경 조사하기와 배치 분석하기

건물이 지어지게 된 배경으로는 그 부지의 위치와 역사, 그리고 건축주의 요구사항 등을 들 수 있다. 이런 내용과 이에 대응하는 건축가의 의도를 분석한다. 임거당의 경우에는 일산신도시 주거전용 단지에 있고, 막힌 담장을 세울 수 없는 특별한 규정이 있었다. 배치도는 도로를 포함하여 그 주변의 상황을 파악할 수 있는 범위로 잡고, 여기에서 건물의 주변 환경, 주변도로, 주출입구, 옥외 공간 등이 표현되도록 한다.

건축물이 지어지게 된 배경 사례

건축주의 요구 사항과 성격:
- 출판 종사자인 남편과 작가인 아내, 두 자녀는 전통적이면서 현대적인 주택을 요구
- 그 집의 11번째 설계자로서 김효만 건축가를 초청

건축가의 이중적 의도: '더불어 사는 동네'에 프라이버시가 확보된 자신만의 '은신처로서의 주택'

- 동네와 소통하기 위해 지상 층에서는 필로티 공간과 정자를 두고 주 도로에서 시각적으로 어느 정도 열린 마당 구성

- 삶에 풍요로움을 제공할 자연으로서의 전통 느낌의 마당 설계

- **8개의 각기 다른 형태와 레벨의 마당**이 수직적, 수평적으로 관입되면서 연결된 반외부- 반내부 공간 구성 수직적으로 불규칙하게 연결된 마당의 체계는 최대면적을 얻는 동시에 다양한 공간 변화와 개성을 그사

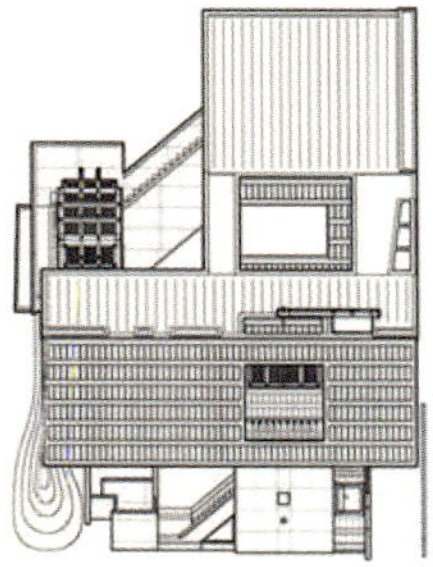

투 상 도

입면도 분석 사례-1

시각적 한국성 표현

- 각이 선 매스를 필로티 공간 위에 띄움: 전통건축의 "비상 (**飛翔**)" 이미지와 감수성 의도
- 1층 기단과 2층 덩어리의 대비: 노출 콘크리트의 기단과 우물마루문양 판벽의 매스
- 연결철판과 우물마루문양 보첩문의 걸림구조는 전통건축 연상을 위한 장치

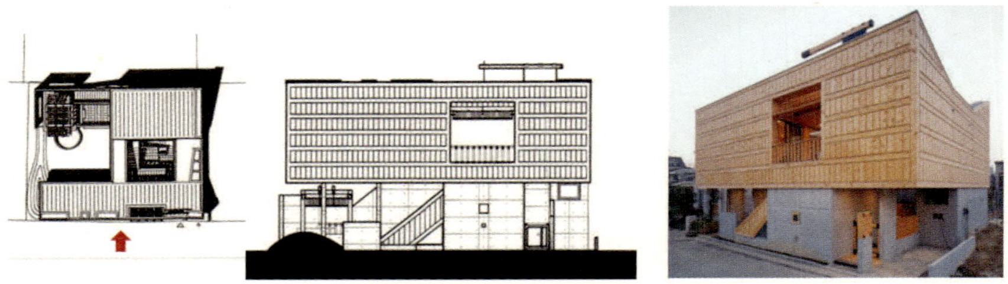

정 면 도

그림 9.6 임거당의 정면도와 외관 이미지

건축물의 외관 분석하기

건축물 외관에서는 주도로를 향한 입면을 정면도로 정하고, 그것을 기준으로 배면도, 좌측면도, 우측면도를 정한다. 축소한 배치도에 입면의 방향을 표시하고, 건물의 주요 외관 이미지를 넣음으로써 건물의 3차원적 매스 형태를 파악할 수 있다. 앞서 분석한 건물이 지어지게 된 배경에 대응하는 건축가의 의도가 건축물 외관에서는 어떤 특성을 강조하며, 어떤 형태와 재료, 디테일 등으로 표현되었는지를 분석하여 정리해 본다.

입면도 분석 사례-2

시각적 한국성 표현

- 국산 미송판 외벽: 세월의 흐름과 전통의 느낌을 은유적으로 표현
- 누마루 방식의 마당과 목재 판벽의 외벽으로 친환경 느낌 강조
- 정자와 옥상대청마당의 햇볕조절 차양의 고정방식으로서 전통적인 서까래 걸쇠로 한식 접어들어 올림문을 디자인함으로써 전통의 느낌과 내외부 소통을 유도

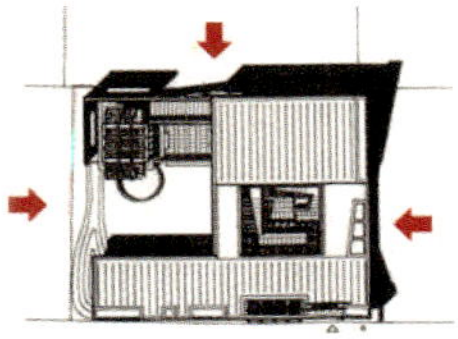

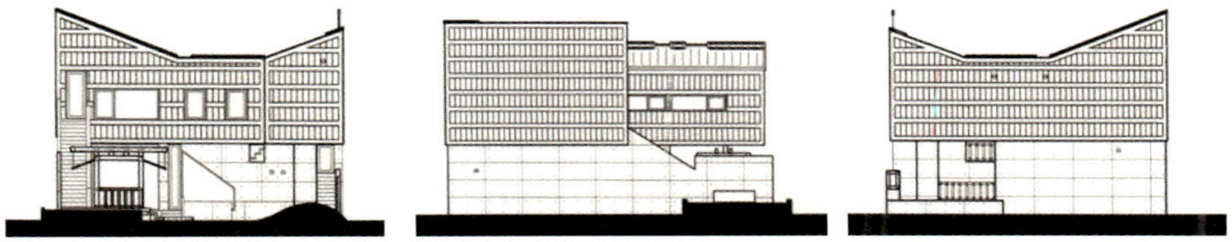

좌측면도 배면도 우측면도

그림 9.7 임거당의 입면도

평면도의 세부 공간 분석 사례

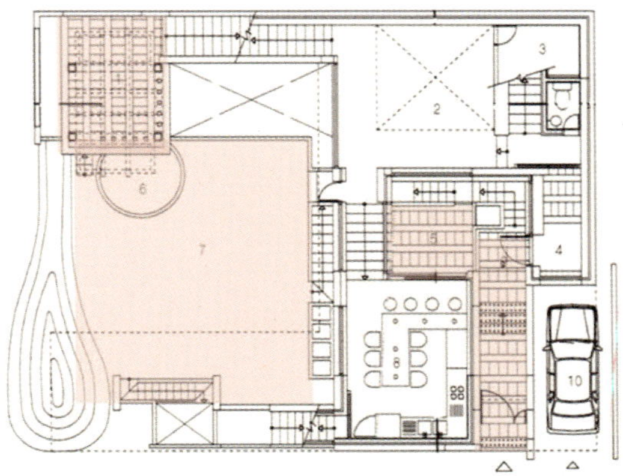

1. 정자
2. 거실
3. 창고
4. 현관
5. 식당 앞 지하마당 I
6. 연못
7. 안마당
8. 부엌과 식당
9. 진입마당
10. 차고

1층 평면도

그림 9.8 임거당의 1층 평면도

평면도 분석 사례-1

여덟 마당을 통한 공간적 한국성 구현

- 정자와 연못이 놓인 안마당이 있는 ㅁ 자형 주택 설계

- 지상 층의 실에는 최소한의 면적만을 배분하고, 기타 면적은 상층부로 띄우거나 지하에 묻어 마당면적을 최대화

1. 안마당
2. 정자마당
3. 진입마당
4. 식당 앞 지하마당 I

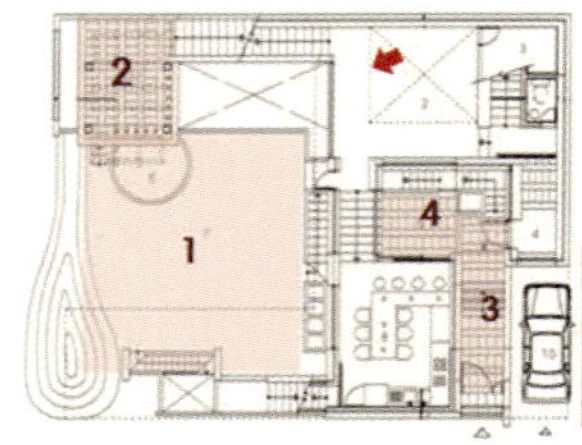

1층 평면도

그림 9.9 임거당의 1층 평면도와 마당

건물의 각 층별 평면과 주요 공간 분석하기

각 층별 평면도에서는 우선 세부 공간의 용도와 관계를 분석해 본다. 사례인 임거당은 지하 1층, 지상 2층이다. 1층에는 거실, 식당과 부엌, 현관, 안마당 등 가족이 함께 생활할 수 있는 공동공간으로 구성되어 있고, 지하층에는 서재와 손님방, 서비스공간이 있다. 2층에는 가족실과 개인 침실이 있다. 건축가가 의도한 각 실과 공간의 성격을 파악하기 위해 각각의 공간 이미지를 평면도와 대조하며 그 특징들을 정리해 본다.

평면도 분석 사례-2

여덟 마당을 통한 공간적 한국성 구현

- 누마루 방식의 마당: 내부공간의 외부 공간화, 외부공간의 내부공간화
- 은신처이자 휴식처이며 생활에 활력을 줄 수 있는 사랑방 (서재) 재현

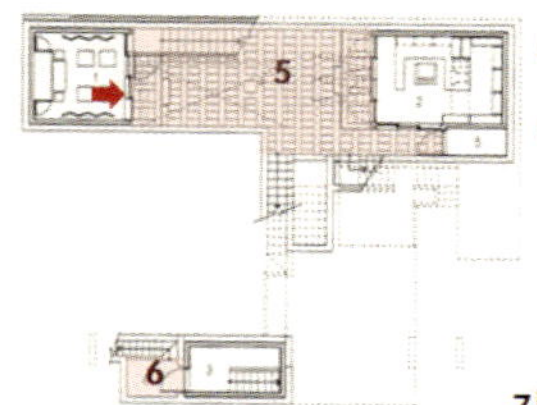

5. 서재 앞 지하마당 II
6. 서비스 마당

지하1층 평면도

그림 9.10 임거당의 지하1층 평면도와 마당

평면도 분석 사례-3

- 수평적, 수직적으로 서로 관입하며, 다양한 레벨로 이어지는 중간 영역으로 서의 마당
- 옥상대청마당의 전통적인 서까래 걸 쇠로 된 한식 접어들어 올림문은 전통의 느낌과 내외부 공간의 소통을 유도

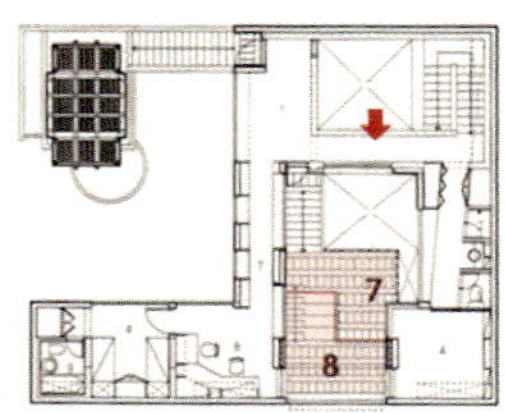

7. 옥상 대청 마당 I
8. 옥상 대청 마당 II

2층 평면도

그림 9.11 임거당의 2층 평면도와 대청마당

평면분석을 통해 건축가가 의도한 개념이 실제 건축공간에 구현된 방식 이해하기

건축물의 평면은 기본적인 스페이스 프로그램과 효율적인 공간구성을 기본으로 하지만, 그것을 넘어서 건축가가 창의적으로 의도한 공간의 특성을 분석해 봄으로써 건축적 개념이 실제 공간으로 어떻게 구현되었는지를 알게 된다. 임거당 설계에서 건축가는 각기 특색 있는 외부 또는 반외부 공간을 '마당'으로 부르며, 한국의 도시건축문화의 정체성을 여덟 개의 마당 공간을 만들어서 보여주고자 한 것을 확인할 수 있다.

단면 분석을 위한 평면도의 종합적 정리 사례

여덟 개의 마당

1. 안마당 2.정자마당 3.진입마당 4. 식당 앞 지하마당 I 5.서재 앞 지하마당 II
6. 서비스 마당 7. 옥상 대청 마당 I 8.옥상 대청 마당 II

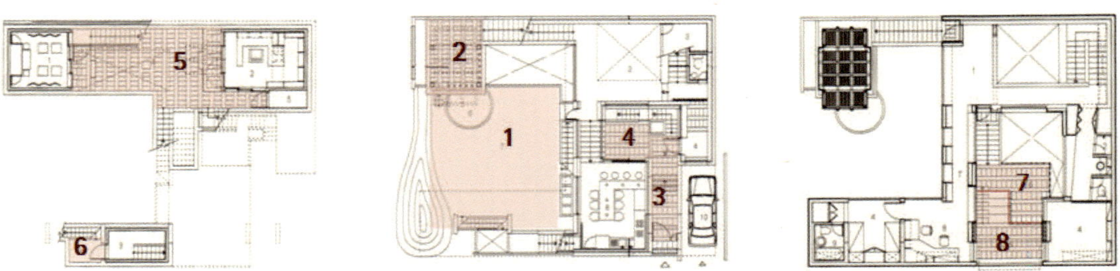

지하 1층 평면도 1층 평면도 2층 평면도

그림 9.12 임거당의 마당분석

단면도 분석 사례

"이 마당들에 서로 레벨을 달리하는 수직적 변위를 두어 면적상 상하로 겹치게 한다. 이 수직적 체계는 최대면적을 획득하는 동시에 공간의 변화로움과 연속성도 함께 구사한다."

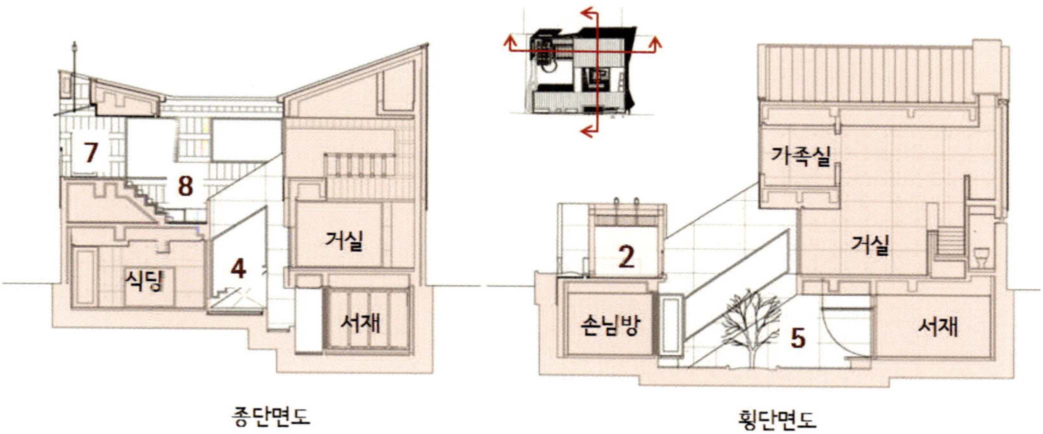

그림 9.13 임거당의 단면도 분석

주요 단면 분석을 통해 건축물의 전체적인 공간 적층 방식과 구조체계 이해하기

건축물의 주요 단면 분석을 통해 각층의 평면구성 방식을 종합적으로 이해할 수 있다. 임거당 사례에서는 8개의 각기 다른 형태의 마당이 수직적, 수평적으로 중첩되면서 다양한 공간 조합이 만들어졌다. 그러나 건축가는 새로운 구조를 시도하지는 않았고, 각 공간들은 철근콘크리트구조 틀 안에서 다양한 변화를 보여준다. 일반적으로 주요 단면도 분석을 통해 건물의 기본구조와 지붕을 받는 구조체계를 이해할 수 있다.

건축물을 나름의 주제로 새롭게 분석하고 해석해보기

앞서 했던 배치, 입면, 평면, 단면의 분석이 건축가의 기본적인 설계의도를 이해하기 위한 것이었다면, 이제는 한 발 더 나아가 새로운 관점에서 대상 건축물의 설계를 해석해 보는 것을 시도해 본다. 앞의 그림은 임거당의 공간과 계단을 '양' 안에 '음' 의 기운이 있고, '음' 안에 '양' 의 기운이 동시에 존재하며 융합된 '태극' 이라는 전통 개념을 적용하여 외부와 내부의 융합이라는 관점에서 분석을 시도해 본 사례이다.

건축물 디자인에 대한 새로운 분석과 해석 사례-1

Design Analysis-1: **외부 공간과 내부 공간의 융합**

그림 9.14 임거당의 내외부 공간분석 사례

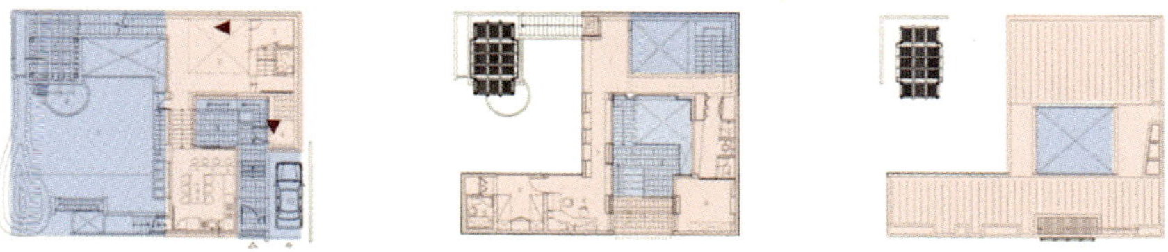

외부공간 → void

내부공간 → solid

太極
(태극)
심볼

"역(易)에 태극이 있으니 이것이 양의(兩儀 : 음양)를 낳는다."

음(陰): 여성, 땅, 추위, 어둠, 부드러움, **공간 (void)** 등을 상징

양(陽): 남성, 하늘, 더위, 밝음, 굳음, **고체 (solid)** 등을 상징

이 둘은 서로 대립 관계에 있지만, 불가분의 관계를 맺고 있다. 음 안에도 양의 기운이 있으며, 양 안에도 음의 기운이 있다. 여기에서는 상호보완적인 힘이 서로 작용하며 조화를 이룬다.

건축물 디자인에 대한 새로운 분석과 해석 사례-2

Design Analysis-2: **외부 계단과 내부 계단의 융합**

그림 9.15 임거당의 내외부 계단분석 사례

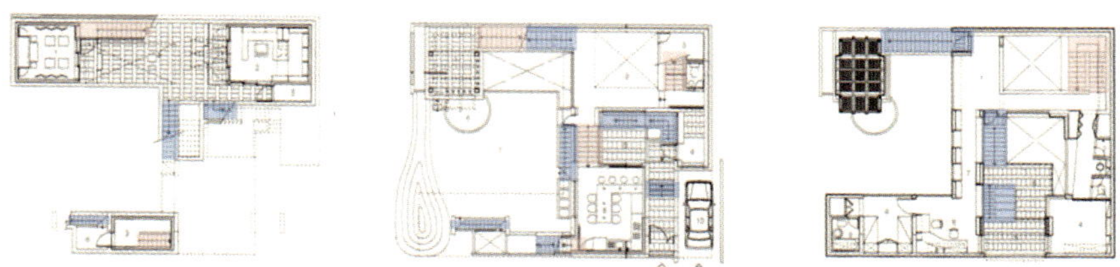

지하1층 평면도　　1층 평면도　　2층 평면도

외부계단

내부계단

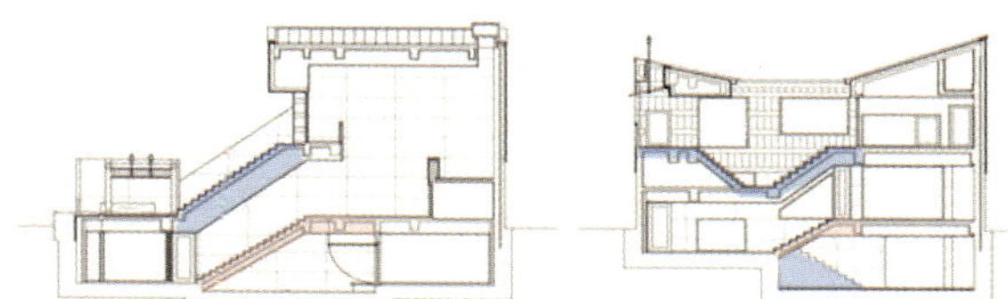

횡단면도　　종단면도

건축물 사례 분석 2

대상 주택과 건축가, 그리고 그 건물을 묘사하는 기본적 설명 자료를 사례 분석 대상의 표지로 사용한 경우

Masion a Bordeaux

Rem Koolhaas

한 부부가 보르도의 아름다운 집에 살고 있었다.
8년 전 그들은 새로운 집을,
아마도 단순한 집을 가지길 원했다.
건축가를 찾고 있던 중 남편은 자동차 사고를 당했다.
구사일생으로 살아났지만
휠체어에 의지해서 살아야 한다.
이제 그들의 새로운 집은
감옥처럼 되어버린 옛 집과 중세도시로부터
남편을 자유롭게 할 수 있어야 한다.

당신이 기대하는 것과는 달리,
나는 단순한 집을 원하지 않습니다.
아주 복잡한 집을 원해요.
집이 내 세계를 이루기 때문이죠.

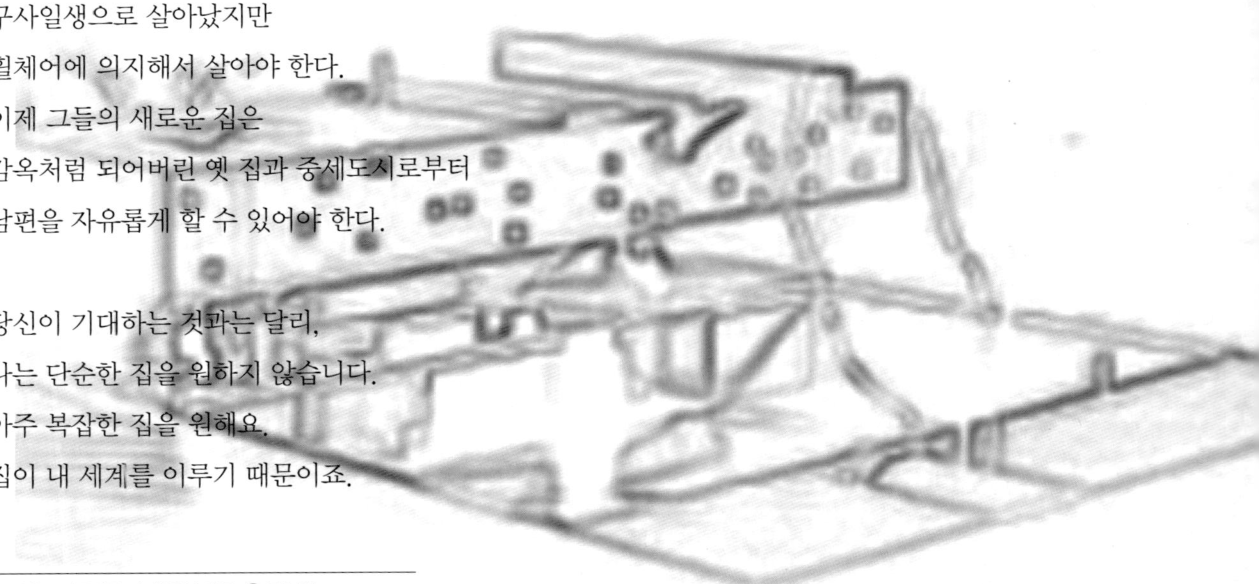

※ 건축공간구성론 사례 분석 자료, ⓒ 김봄내

렘 쿨하스는 유럽과 아시아 지역을 중심으로 80년대 이후 다수의 건축작업을 하고 있는 네덜란드 출신의 건축가로, 현대 문명과 건축 및 도시문제에 대해 나름대로의 견해를 가지고 있다고 평가되며, 그의 저서 「Delirious New York」과 「S.M.L.X」 등을 통해 자신의 견해를 활발하게 나타내고 있다.

건축가의 약력과 작품 사례

Rem Koolhaas

1944년 네덜란드/ 1952년부터 5년간 인도네시아/ 암스테르담에서 저널리스트 겸 시나리오작가
1968~1972년 AA School/ 미국 IAUS의 객원 연구원/ 1975년 로테르담에 건축사무소 O.M.A 설립
캘리포니아대학, AA School, 델프트, 하버드, 라이스대학 등에서 교편

프로젝트 : 메종 보르도
클라이언트 : Withheld
준공 : 1998년 완료
용도 : 500m²(침실 5개, 욕실 3개), 100m²(침실 2개, 욕실 2개)
건축 면적 : 500m²
구조 : 콘크리트와 강철
재료 : 콘크리트, 스틸, 알루미늄, 유리
O.M.A : 렘 쿨하스

위치에 대한 설명

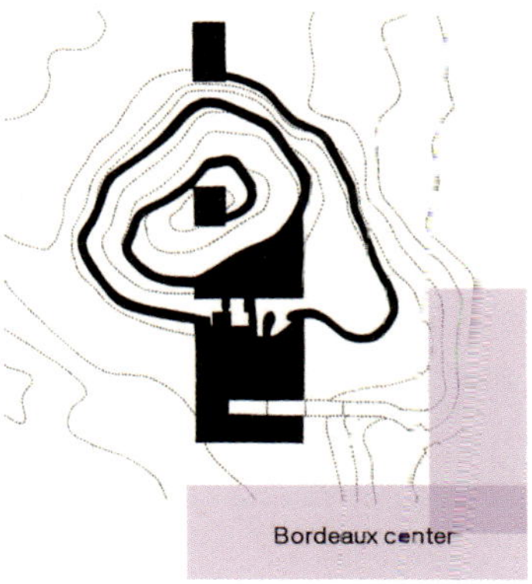

가론강 너머로 옛 보르도시가 내려다 보이는 플로아락 두 언덕 사이에 앉아 있다. 집 양쪽의 언덕은 프랑스 건물 보존지역으로 되어 있어 색이나 자재 선택시 지역적인 것을 선택해야 했다.(한쪽 언덕과 그뒤 고속도로 장 누벨이 지은 세인트 제임스 호텔이 있고, 그는 금속을 적갈색으로 녹슬게 해서 건물이 오래되어 보이게 함으로써 주변의 역사적인 건물과 어울리도록 했다.)

위치 : 프랑스 보르도(5Km from Bordeaux center, cape-like hill 100m, abobe sea level 180' view on the city and the river)

CIRCULATION 분석

공간 간의 상관 관계

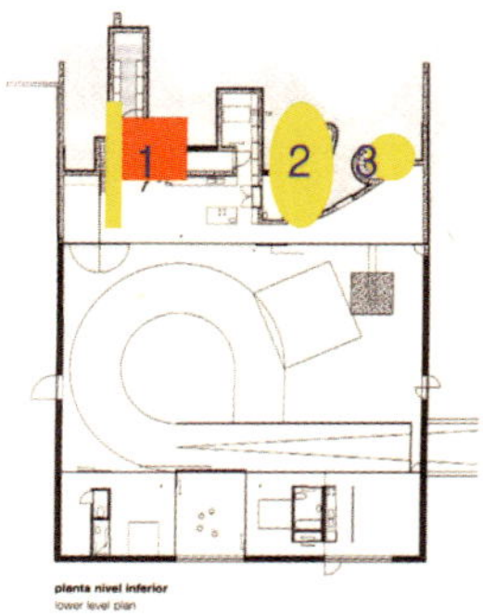

■ PASS LINE

1. LINE 1/ 2. LINE 2/ 3. LINE 3

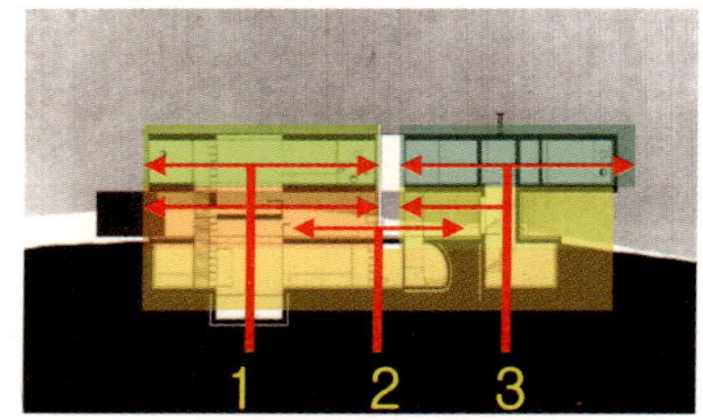

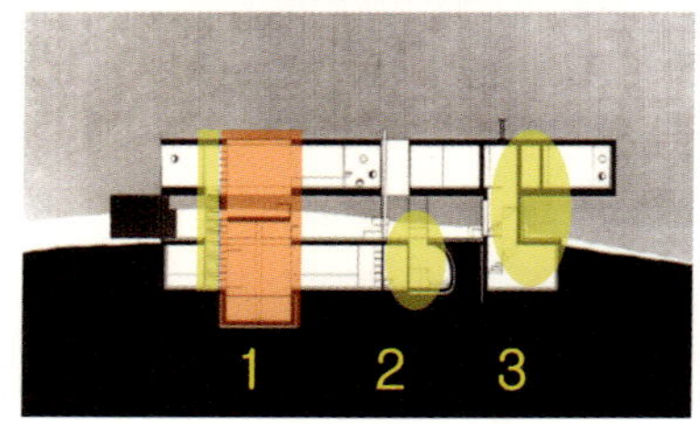

■ 수직적 상승운동을 주로 하는 공간구성

각 층마다 다른 특징적인 연속된 내·외부 관계를 설정하고, 이러한 공간을 엘리베이터 등의 기계장치에 의해서 순간적으로 이동할 때 얻게 되는 대비적 공간체험을 의도한 것으로 파악된다.

■ 단일 외피에 수용된 복합공간

이질적인 공간을 한 통일체 내부에 지니는 것을 가능하게 한 것으로 보인다.

Horizon & Vertical(공간의 조합분석)

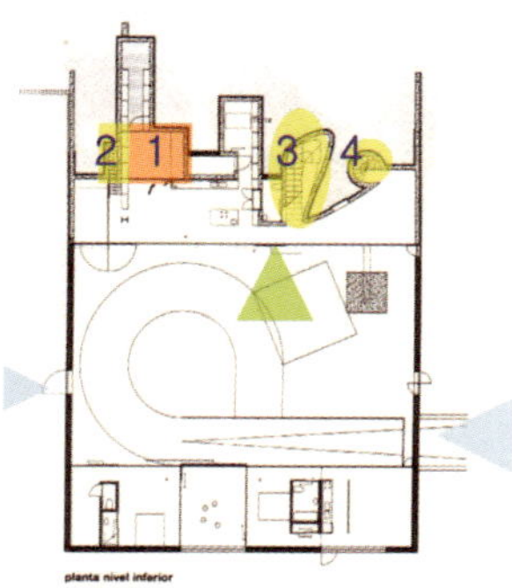

■ Horizon

외 부 – 램프로 진입

내 부 – 마당 진입

■ Vertical

1. Elevator(3×3.5m)
2. 계단 – 부부실
3. 계단 – 손님용 계단
4. 계단 – 자녀방

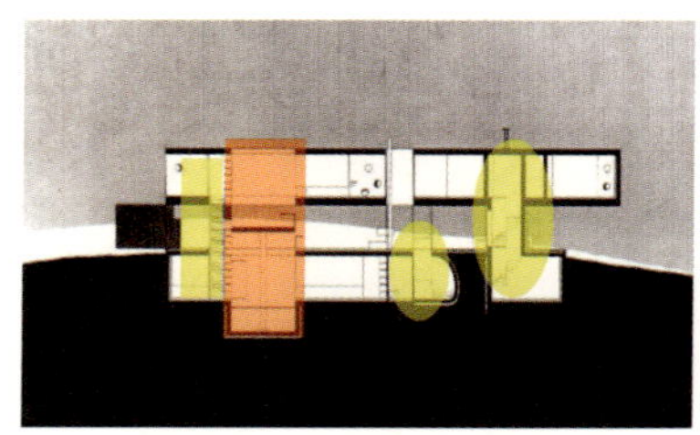

ELEVATOR 분석(장애인 동선의 중요요소)

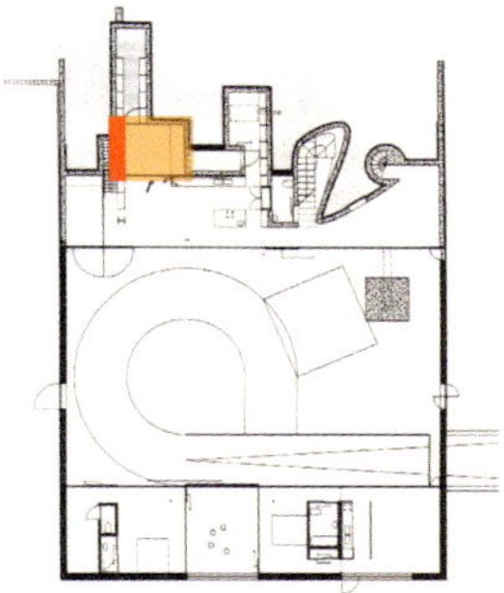

planta nivel inferior
lower level plan

Elevator(3×3.5m 플랫폼)

플랫폼의 위치에 따라 집의 평면도가 바뀐다. 대부분의 장애인들을 위한 건축설계가 그들에게 어떤 보상을 해 주려는 의도에서 이루어지는 반면 여기에서는 집주인에게 남아 있는 능력을 최대한 이용하고 그에게 집을 다스리는 가장이라는 느낌을 가지도록 했다.

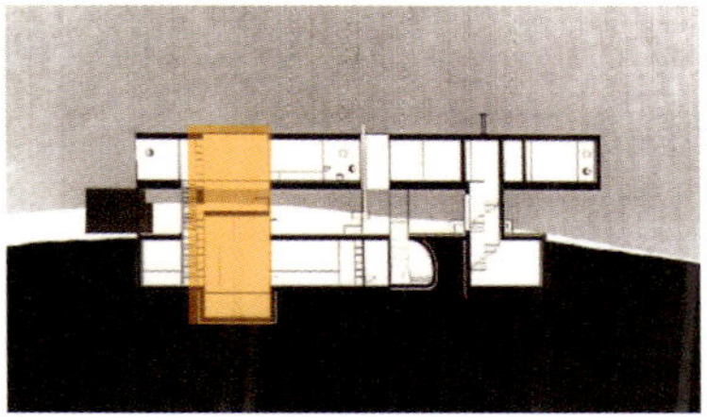

3층의 벽

책, 예술품, 포드주 등 남편이 필요한 모든 것으로 어디에도 문턱이 없는 보르도 집은 장애인이 된 집주인에게 다양하고 유동적인 공간 안에서의 무한한 자유를 선사했다. 어쩌면 비극적인 상황일 수도 있는 현실을 긍정적이고 적극적으로 받아들여 한 가족에게 또 다른 차원에서의 가정생활을 가능하도록 주어진 현실을 승화시킨 것은 건축이 할 수 있는 의미 있는 선물이 아닐까...

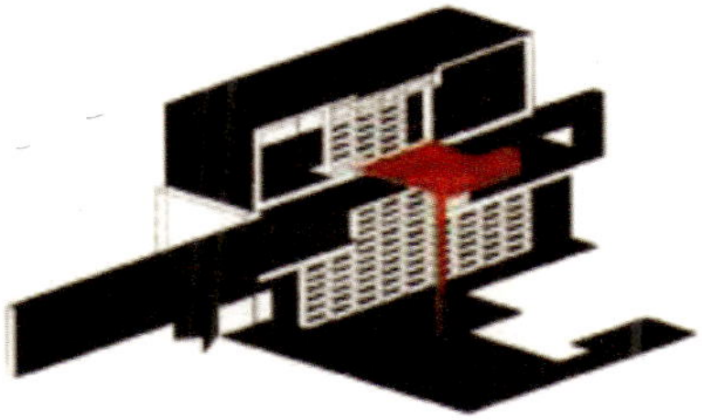

VOLUME & STRUCTURE 분석

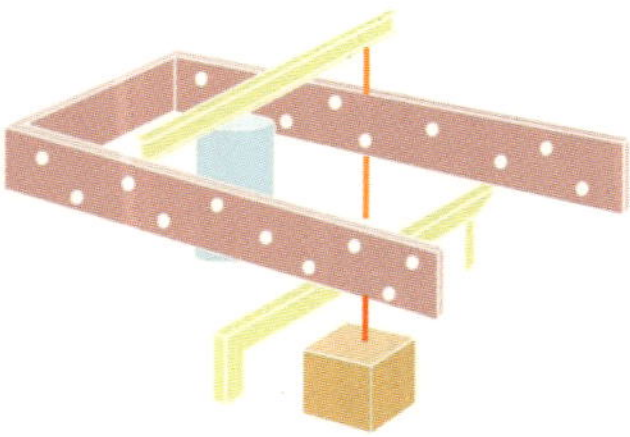

- 3층을 받치고 있는 문틀형 구조
- 40cm 두께의 콘크리트 벽면
- 40톤의 무게 균형을 잡기 위한 케이블(9m, 70mm)이 지붕 위의 대들보에 달려 땅에 묻혀 있다.
- 구조로부터의 자유

  (구조에 대한 최근의 관심에 대해 엘크로퀴스 기자의 질문에 대하여) 건물 전체 단면의 1/3을 차지하고 예산의 50%를 점유하는 요소가 건축가의 손이 미치지 않고, 건축적 사고에 전혀 무관하게 존재하는지, 믿기 힘든 일입니다. 우리는 그것에 대해 깊이 생각하지 않습니다. 마치 건물의 30~40%를 단순히 당신의 영역이 아니라고 인정하고 기계기술자가 그곳에 설치해 놓은 얼토당토 않은 것들을 그냥 꿀꺽 삼켜야만 한다는 것과 같은 말입니다.
- 건축 실무에 대한 태도

  (엘크로퀴스 기자의 질문에 대하여) 배워야 하고 또 흥미를 끄는 것은 그것을 분리하지 말아야 한다는 것입니다. 다시 말하면 지적인 이유로 당신이 성취하고자 원하는 것을 성취할 수 있어야 한다는 것, 즉 프로젝트와의 일관성을 말하는 것입니다.

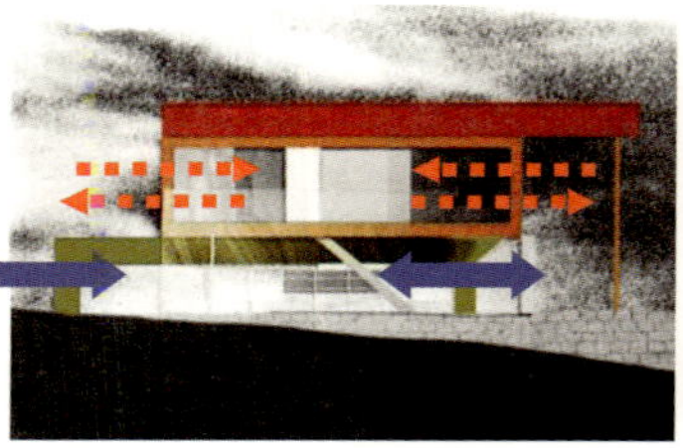

PLAN 분석

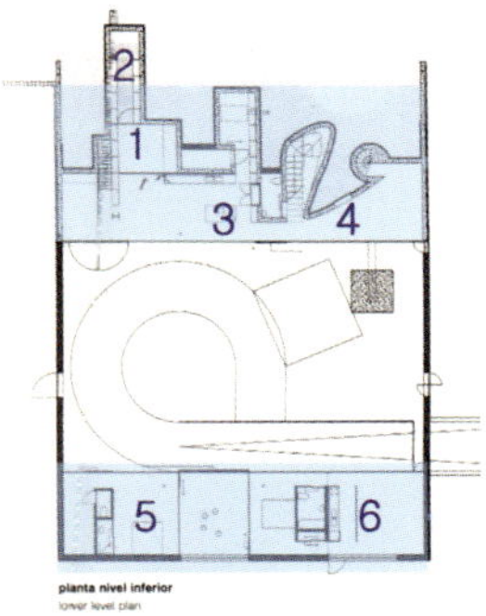

1st FLOOR PLAN

■ Main House

1. Elevator
2. 포도주 저장고
3. 부엌
4. Television room

■ Guard / Guest House

5. Guard
6. Guest

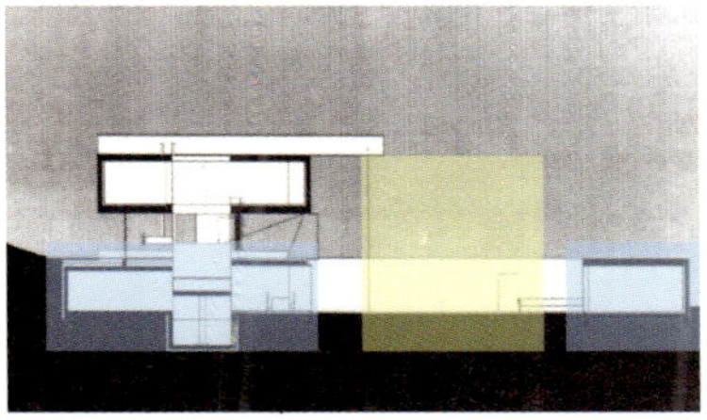

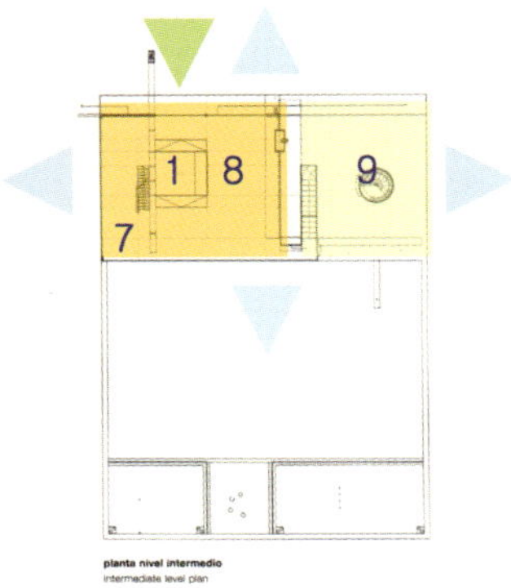

2nd FLOOR PLAN

Living Area

1. Elevator
7. Study
8. 거실

Terrace

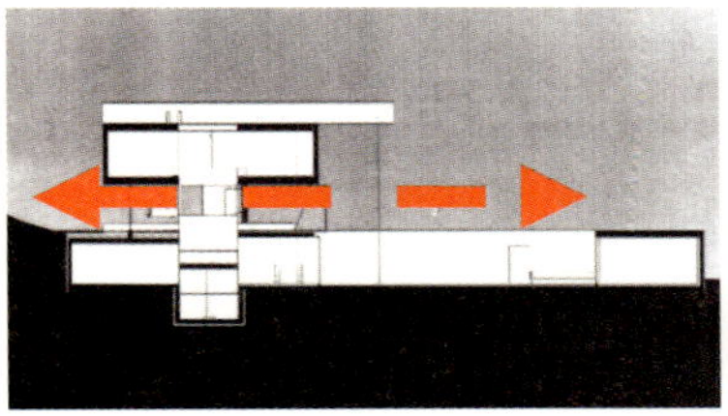

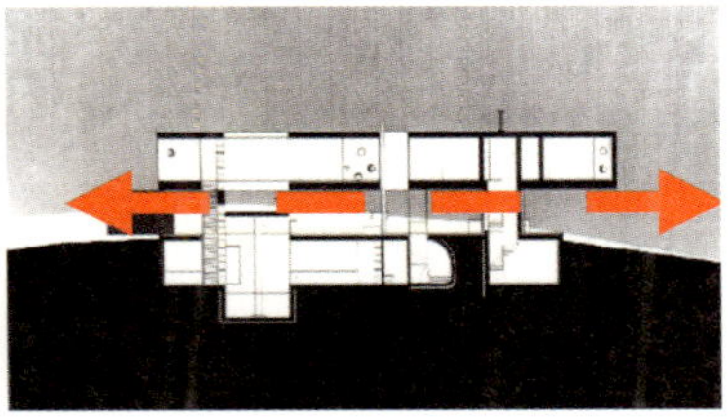

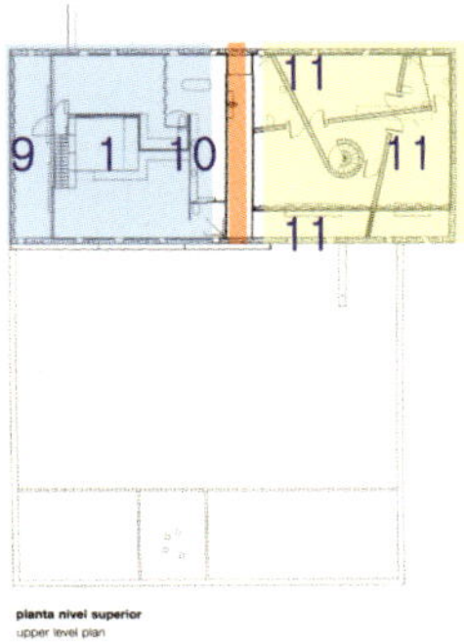

3st FLOOR PLAN

Master

1. Elevator
9. 테라스
10. 부부방

Children

11. 자녀방

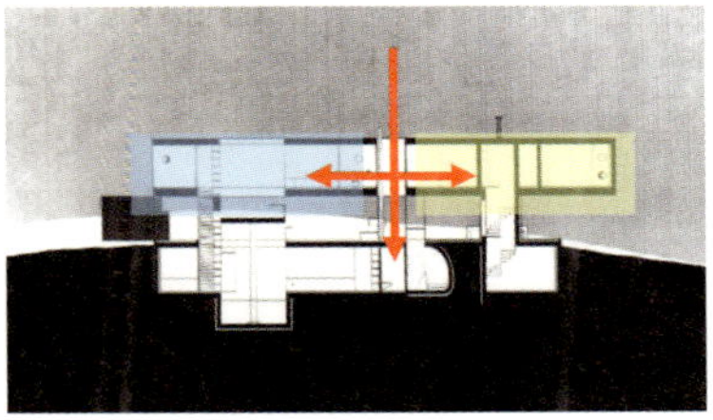

LINE 1

■ 단일 외피에 수용된 복합공간

내부공간의 폐합성을 유지하면서, 외부공간과 내부공간이 관계를 맺고 있다.

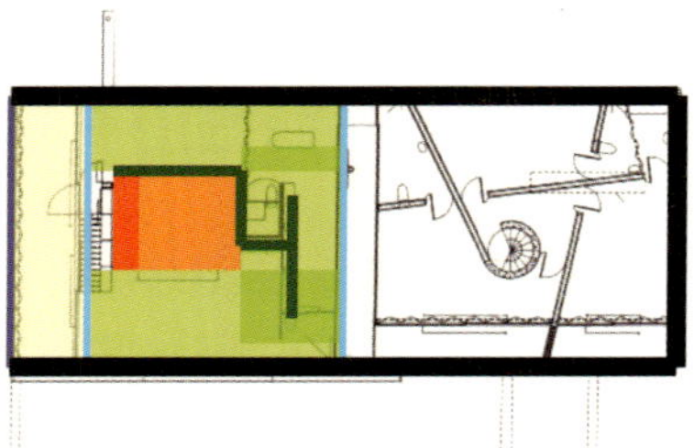

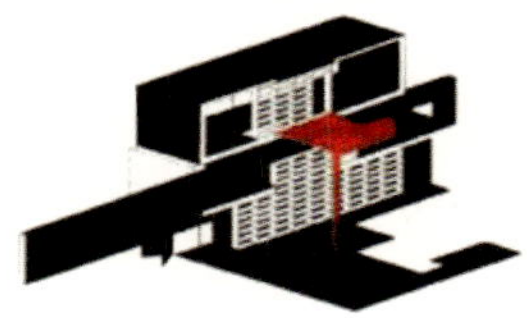

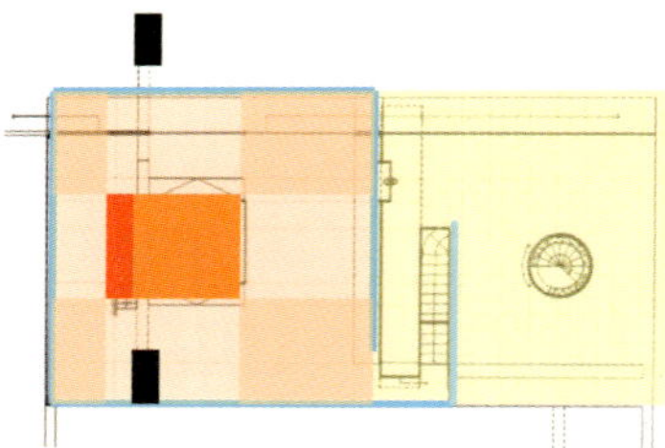

Elevator(3×3.5m 플랫폼)

3층의 벽

공간의 상호 관입

상호 침투된 공간은 폐쇄된 볼륨이 가지고 있는 정적인 속성을 공간적인 힘들이 여러 방향으로 서로 관입하고 교류하는 역동적인 장으로 대체한다.

공간의 압축과 팽창(공간구성의 법칙에 대한 분석)

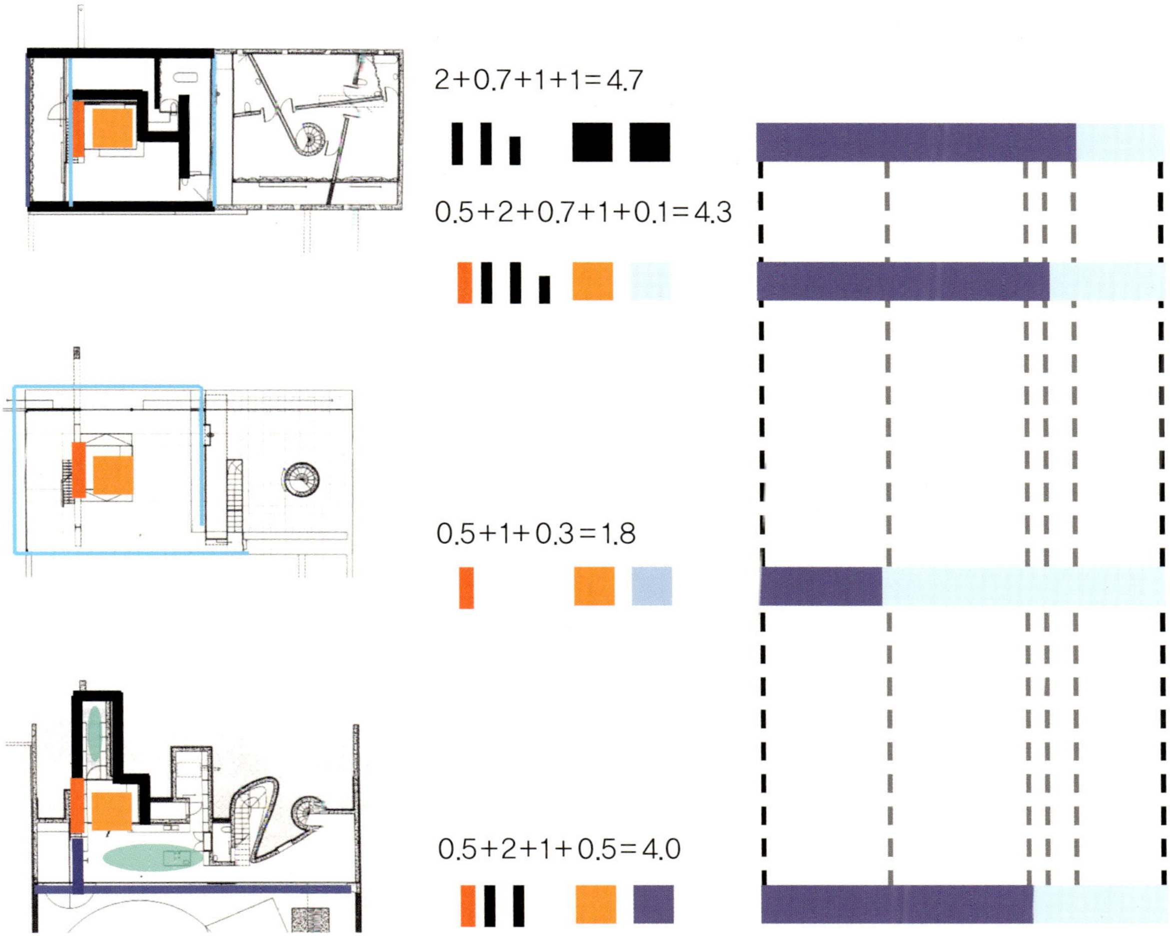

VIEW 분석

빈 공간을 꿰뚫는 관심

■ 자녀들과 동선으로는 분리되었으나 빈 공간을 사이에 두고 교감

사람들은 많은 시각적 대상물 중 이미 알고 있는 것 또는 기대되는 대상물이 텅빈 벽 뒤에 부분적으로나 전체적으로 숨겨져 있을 때 벽을 꿰뚫어서 우리들의 관심을 유도한다.

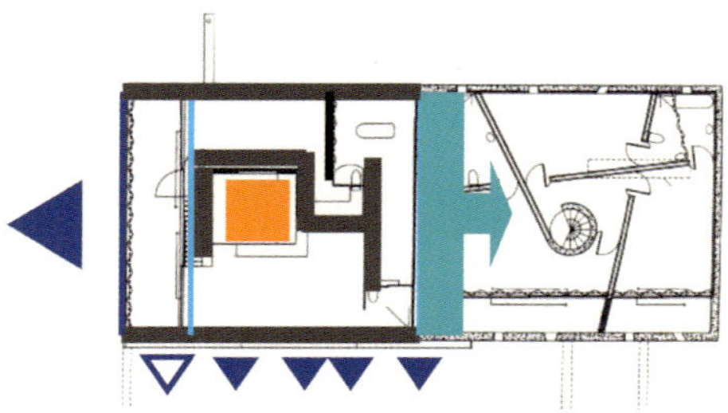

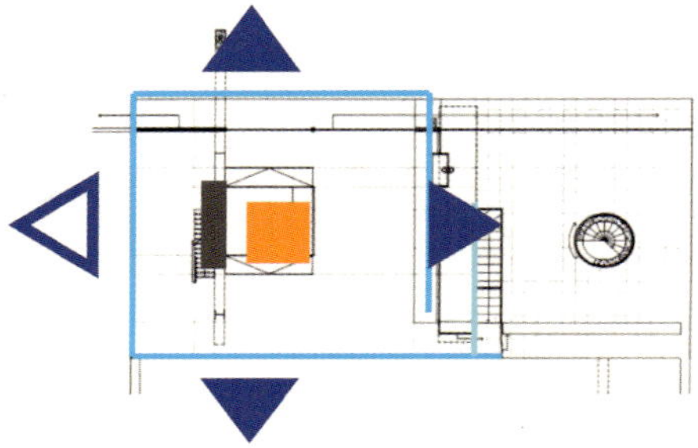

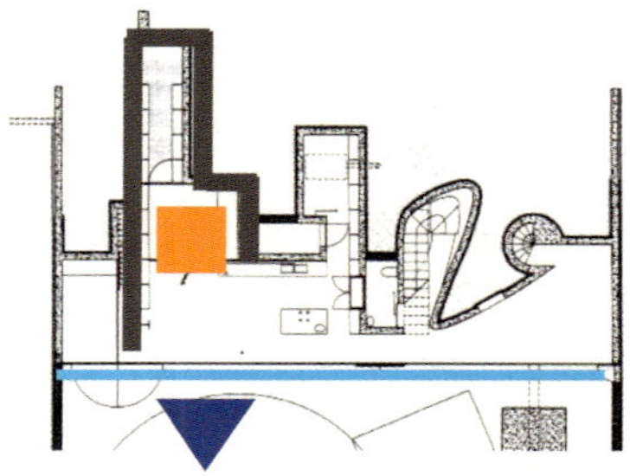

LIGHT 분석

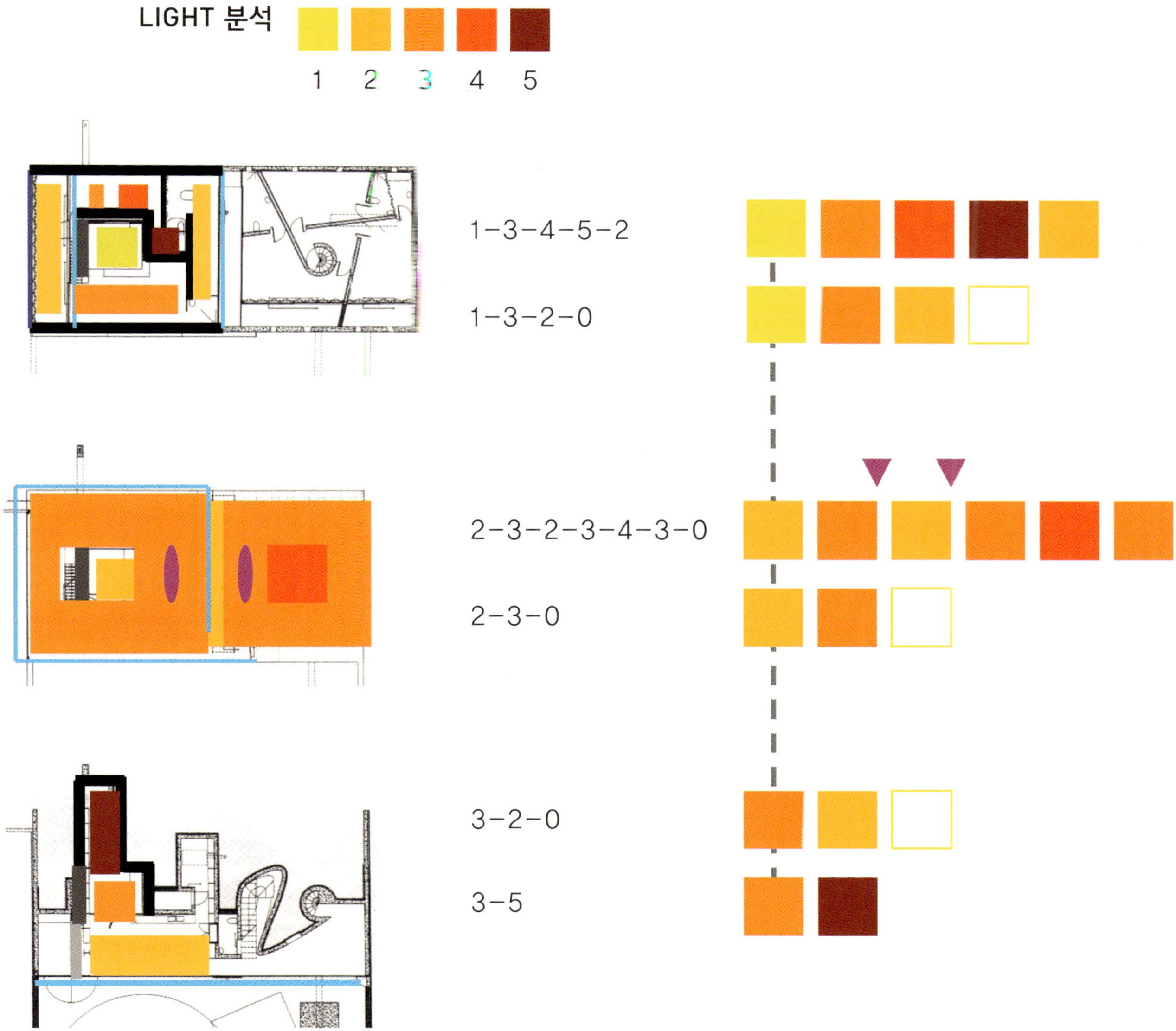

LINE 2

■ 공간의 연속성과 다양함

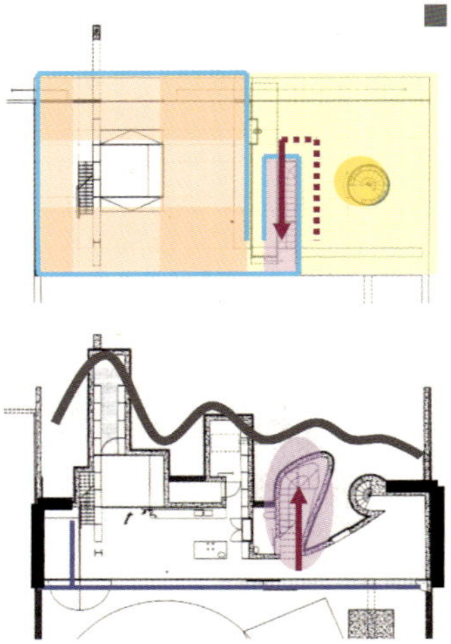

단절되지 않고 계속해서 공간에 운동성을 부여할 수 있는 순환체계 동선 장치로 볼 수 있을 것 같다. 단순한 동선의 통로가 아닌 그 자체가 하나의 새로운 공간을 형성한다.

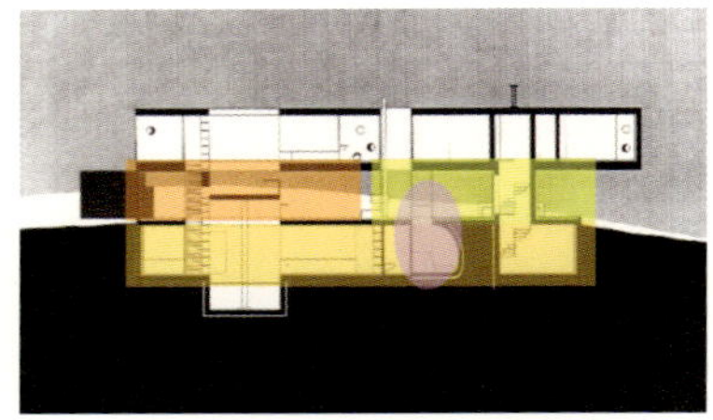

■ 공간의 압축과 팽창

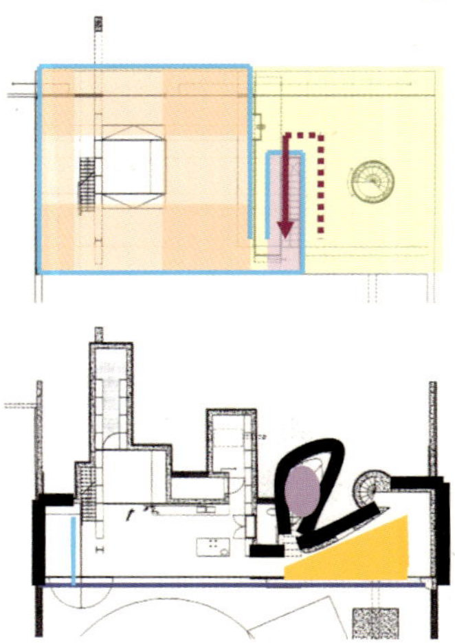

사선의 벽 : 공간의 방향성 지정

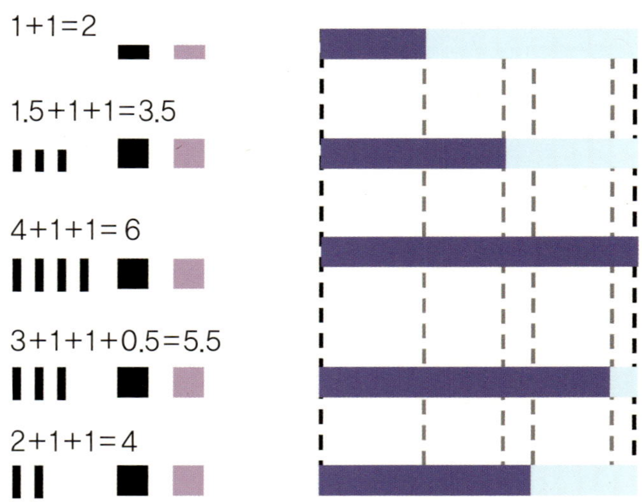

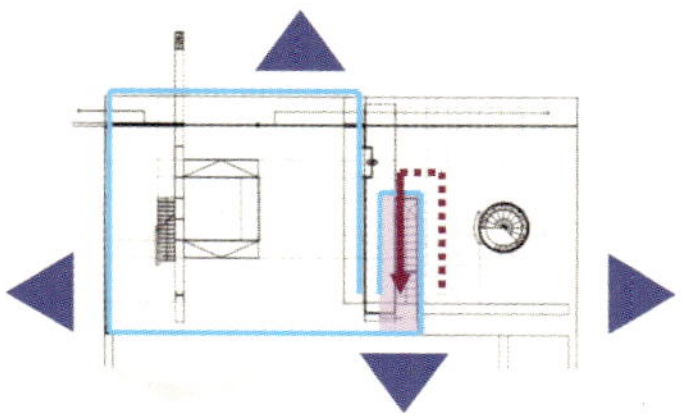

■ 바닥–천장

전경으로의 방향성을 강조한다.

■ 知其雄 守其雌 : 和其光 同其 是謂玄同(자연광)

계단실의 존재감과 그 역동적 방향감이 있는 형상을 나타낸다.

밝은 곳으로의 이동 암시 : 자연과의 동화 과정을 나타낸다.

2–3–4–5–4–3–2–1–0

VOID 분석

■ 자연은 남는 것을 줄여서 부족한 것에 보충한다.

天之道 損有 餘而補不足

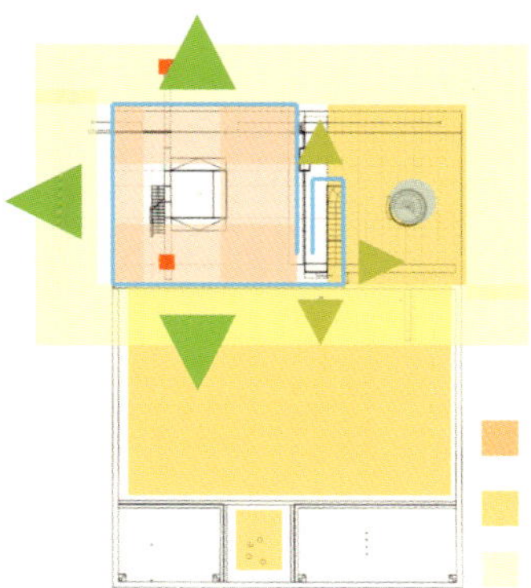

planta nivel intermedio
intermediate level plan

내부에서 외부의 공간감을 느끼도록 구성한다든지 혹은 외부의 공간이지만 내부의 공간감을 느끼게 하는 방법이 보인다. 정원쪽으로 난 벽은 각각 반대편 쪽으로 밀어서 완전히 밖으로 열 수 있게 했다. 그럼으로써 집안이 밖이 되고, 또 그 반대로도 되는 '모호함' 이 생기도록 하여 잠재적인 조건을 가진 이 '장' 을 잘 이용하는 방법 중 하나로 하였다.

· 거실로써 사면을 모두 투명한 판유리로 한정–주택이 위치한 가장 높은 부분과 접하는 이 거실은 모든 방향으로 열려 있다.

· 반사성을 지닌 크롬계 원통의 형태로서 최대한 비물질화시킴으로써 외부로 확장하는 내부로부터의 시선을 가로막지 않도록 배려한다.

■ 완전하지 않음으로써 얻어지는 이익들 : 공간의 연속과 성장 가능성

谷無以盈 將恐竭 萬物無以生 將滅恐

성장은 모든 살아 있는 것의 기본적인 기능이라고 보기 때문에 완결된 것이나 완전한 것 또는 성장할 수 없거나 변할 수 없는 것은 무엇이든 죽은 것으로 정의된다.

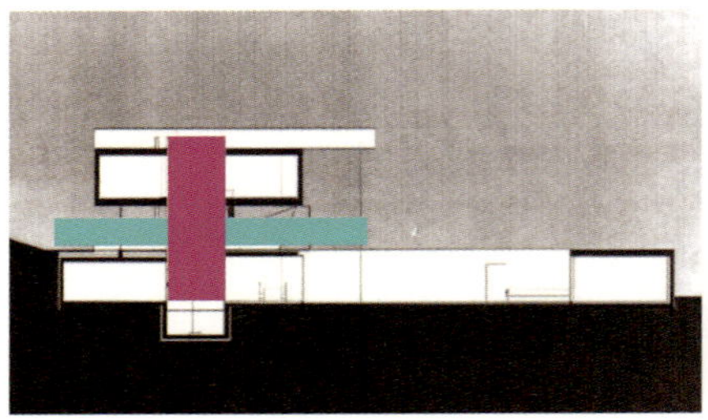

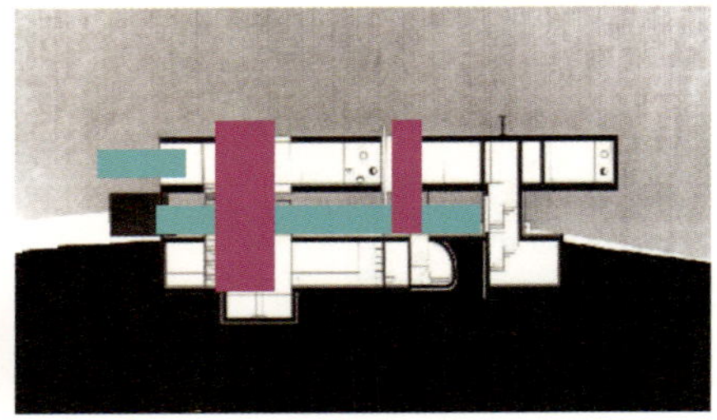

WINDOWS 분석

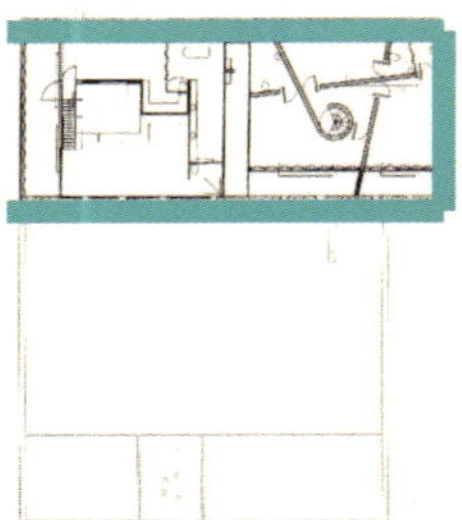

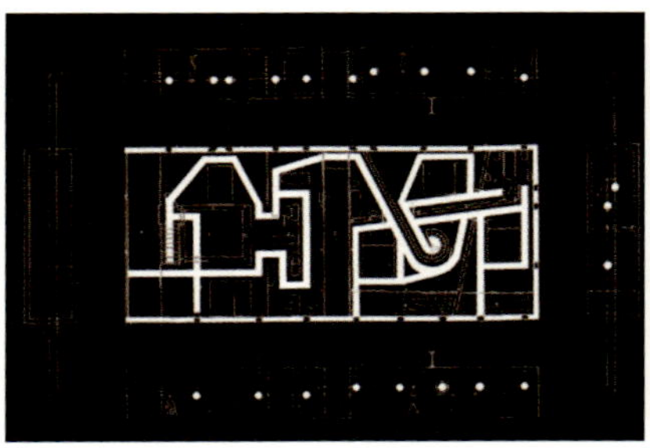

1. 동선에서의 조망

동선을 따라 이동하는 관찰자의 시점에 맞춘 창.(서 있는 어른이나 아이들, 휠체어)

2. 특정 지점을 향한 조망

주요한 경관을 기준으로 침대, 책상, 싱크대, 욕조에서 외부 지면을 연결

3. 일상적 조망

침대, 책상, 싱크대, 욕조에서 수평적 시선을 연결하여 주요경관이나 요소를 구성(서 있는 어른이나 아이들, 앉아 있을 때, 누워 있을 때)

결론 : 공간 구성방식의 특징

◎ 질서로부터의 자유로움 획득

질서 : 그리드체계, 순수 기하학적 형태, 정연한 구조체계

자유로움 : 특정한 한 가지 형식 혹은 형태로 정의할 수 없고 각각의 사례별로 다양한 형태/형식으로 나타나고 있다. 정돈된 공간 속에 끊임 없이 순환하는 동선이나 유기적인 형태로 비어 있는 공간 등을 삽입하는 방법을 택하고 있다.

질서 vs 자유 → 질서 and 자유, 질서 + 자유

: 상반된 논리이지만 서로 상호작용하여 제3의 효과를 생성해낼 수 있는 구성방법

◎ 공간의 연속성 획득

자연스럽게 내부공간으로 진입을 유도하고 있으며, 단절되지 않고 계속해서 공간에 운동성을 부여할 수 있는 순환체계 동선 장치와 내・외부의 상호관계에서 연속성을 획득한다.

◎ 공간의 상대성 획득

외부/내부 혹은 동선을 위한 공간/기능을 위한 공간 등 이원론적인 공간의 구분으로는 공간의 성격을 구분하기가 쉽지 않다. 자주 확인되는 특성으로 내부공간이지만 외부공간감을 느끼도록 구성한다든지 혹은 외부공간이지만 내부공간감을 느끼게 하는 방법이 있다. 특정한 기능을 위한 공간처럼 보이지만 그곳에 또 다른 기능을 부여함으로써 어느 한 공간이 가지는 의미가 복합적이고 다양하게 나타난다. 이는 공간의 의미가 절대적 가치를 지니는 것이 아닌 그 속에서 인간 행위와의 관계를 통해 '상대적' 으로 얻어진다고 하는 최근의 패러다임과 밀접하게 연관된다.

분석 후기

근대건축에 있어서 공간구성의 가장 큰 원리는 형이상학적인 속성보다는 물리적인 기능과 프로그램을 바탕으로 하는 '기능주의' 적 원리라고 볼 수 있다. 이러한 원리에 의해 추구된 공간구성은 개방 평면, 유동적 공간 등과 같이 자유로운 평면 구성을 전제로 하고, 공간은 기능에 의해 분절되었다. 그러나 오늘날의 건축에 있어서 이러한 기능주의적 사고에 의한 공간구성 방식은 비판받고 있다.

즉 공간은 볼륨의 형태나 기능에 의해 가치를 가지는 것이 아니라 그 안에서 인간과 관계되는 방식에 따라 의미를 지니고 있다는 패러다임의 전환이 이루어졌기 때문이다. 이러한 특성들은 모더니즘의 한계성을 극복할 수 있는 새로운 건축어휘로 발전될 가능성이 있다. 물론 건축에 있어서 완벽한 자유는 허용되지 않고 규칙의 힘이 영향력을 발휘하는 특정한 자유로움의 목적이 기존의 질서체계를 부인하기 위한 것이 아닌 기존의 질서체계로는 얻을 수 없는 새로운 공간감을 확보하기 위한 것이기에 가능한 것이다.

또한 근대건축의 공간구성이 공허한 추상적 속성을 띠게 되어 인간과 유리된 공간이라는 비판을 받으면서 렘 쿨하스의 건축은 인간의 행위를 내부공간 구성에서 중요한 인자로 작용시킨다. 전략은 형태상의 결과를 결정하는 것이 아니라 발전에 적합한 체계를 생산하는 데 있다. 언어 수준의 논리가 아니라 실효성이 문제인 것이다.

Image Credit

chapter 1

p12, 그림 1.6, © 정재용
p14, 그림 1.8, © 에이텍종합건축사사무소
p16, 그림 1.10, © 행림종합건축사사무소
p20, 그림 1.14, © Peterborough Residential Design Guide, 2002, p.2/18
p21, 그림 1.15, © 행림종합건축사사무소+DA+상지
p22, 그림 1.17, © 행림종합건축사사무소
p23, 그림 1.18, © Peterborough Residential Design Guide, 2002, p.2/17
p24, 그림 1.19, © 김원정
p26, 그림 1.21, © 에이텍종합건축사사무소
p28, 그림 1.23, © 행림종합건축사사무소

chapter 2

p35, 그림 2.2, © 박열 도시건축디자인연구소, 2014
p36, 그림 2.3, © JDS Architects
p37, 그림 2.4, © 박열 도시건축디자인연구소, 2013
p38, 그림 2.5, © 정길영, 2008
p41, 그림 2.6, © OMA, 1992
p43, 그림 2.7, © 박열 도시건축디자인연구소, 2012

chapter 3

p46, 그림 3.1, © Park Jong-Ki
p50, 그림 3.3, © Park Jong-Ki
p52, 그림 3.4, © Park Jong-Ki
p54, 그림 3.5, © Qingdao Tech.Univ. School of Architecture
p56, 그림 3.6, © Zhang Junnam, 2015
p57, 그림 3.7, © Zhang Junnam, 2015
p59, 그림 3.8, © Anna, 2012
p60, 그림 3.9, © Anna, 2012
p61, 그림 3.10, © Shi Lei, 2015
p62, 그림 3.11, © Shi Lei, 2015
p62, 그림 3.12, © Shi Lei, 2015

chapter 4

p69, 그림 4.1, © 에이텍종합건축사사무소
p71, 그림 4.3, © 에이텍종합건축사사무소
p73, 그림 4.5, © 에이텍종합건축사사무소
p75, 그림 4.7, © 에이텍종합건축사사무소
p80, 그림 4.12, © 행림종합건축사사무소
p84, 그림 4.16, © 정재용
p85, 그림 4.18, © 종합건축사사무소 건원+야마모토 리켄(당선작)
p86, 그림 4.19, © 행림종합건축사사무소
p87, 그림 4.20, © 에이텍종합건축사사무소

chapter 5

p90, 그림 5.1, © JW Kim
p91, 그림 5.2, © Dmp 종합건축사무소
p92, 그림 5.3, © Dmp 종합건축사무소
p93, 그림 5.4, © 시아플랜
p94, 그림 5.5, © Pavel Fajfr | Tomášš Cirmaciu
p94, 그림 5.6, © Pavel Fajfr | Tomášš Cirmaciu
p98, 그림 5.7, © 시아플랜
p99, 그림 5.8, © 신을식
p100, 그림 5.9, © 신을식
p101, 그림 5.10, © 해안건축
p102, 그림 5.11, © 해안건축
p102, 그림 5.12, © 해안건축
p103, 그림 5.13, © 해안건축
p104, 그림 5.14, © 간삼건축사사무소
p104, 그림 5.15, © 시아플랜
p105, 그림 5.16, © 신을식
p106, 그림 5.17, © 행림종합건축사사무소
p106, 그림 5.18, © 신을식
p108, 그림 5.19, © 해안건축

p108, 그림 5.20, ⓒ ANU디자인그룹건축사사무소

p109, 그림 5.21, ⓒ 시아플랜

p109, 그림 5.22, ⓒ 해안건축

p110, 그림 5.23, ⓒ 시아플랜

p111, 그림 5.24, ⓒ JW KIM

p112, 그림 5.25, ⓒ JW KIM

p113, 그림 5.26, ⓒ 시아플랜

p115, 그림 5.29, ⓒ 신을식

chapter 6

p118, 그림 6.1, 건축시각표현 과제, ⓒ 최성우

p119, 그림 6.2, ⓒ 이준석, 건축도시공간디자인연구소

p120, 그림 6.3, 남양주주택, ⓒ 이준석, 건축도시공간디자인연구소

p122, 그림 6.4, 롱샹 노틀담성당, 이준석의 스케치

p122, 그림 6.5, Museum of Contemporary Art Barcelona, ⓒ Richard Meier & Partners Architects

p123, 그림 6.6, 인사동길 Infill 설계, ⓒ 박영호

p124, 그림 6.7, 인사동길 Infill 설계, ⓒ 박영호

p125, 그림 6.8, Nakanoshima Project II (Urban Egg), ⓒ Tadao Ando Architects & Associates

p126, 그림 6.9, 교회당, ⓒ Undurraga Devés Arquitectos

p127, 그림 6.10, La Cuisine Art Center, ⓒ RCR Architects

p128, 그림 6.11, House for an Architect, ⓒ RCR Architects

p129, 그림 6.12, Giovannitti House, ⓒ Richard Meier & Partners Architects

p130, 그림 6.13, Guggenheim Museum Guandalajara, ⓒ TEN Arquitectos

p131, 그림 6.14, FONDATION CARTIER, Paris, France (1991~1994), ⓒ Jean Nouvel, Emmanuel Cattani & Associés

p132, 그림 6.15, Experience in material no. 47 project konpira, ⓒ Ryoji Suzuki

p133, 그림 6.16, Rubio-casar de caceres sub-regional bus station, ⓒ Justo Garcia Rubio Architects

p134, 그림 6.17 Simpson-Lee House, Mount Wilson, New South Wales, Australia. 1988-93, Photo credit : Anthony Browell, Architecture Foundation Australia, Drawings by Glenn Murcutt

p135, 그림 6.18, 그림 6.17과 같음

p138, 그림 6.19, Experience in material no. 47 project konpira, ⓒ Ryoji Suzuki

p139, 그림 6.20, Cordoba Congress Center, ⓒ Office for Metropolitan Architecture (OMA) Heer Bokelweg 149, 3032 AD Rotterdam, The Netherlands www.oma.com

p140, 그림 6.21 Veterinarian Hospital Extension, ⓒ 이준석 건축도시공간디자인연구소

p141, 그림 6.22 SOFITEL VIENNA STEPHANSDOM, Vienna, Austria (2004~2010), ⓒ Ateliers Jean Nouvel

p142, 그림 6.23, One Hyde Park Apartments, ⓒ Rogers Stirk Harbour+Partners

p143, 그림 6.24, Busan Cinema Center/ Busan International Film Festival, Busan, South Korea (2005~2012), ⓒ COOP HIMMELB(L)AU

chapter 8

p164, 그림 8.1, ⓒ 최소영

p167, 그림 8.2, Vertical Memorial 개념스케치, ⓒ 엄기범

p168, 그림 8.3, Clip# Campus in Natural Urban 단면 개념 스케치, ⓒ 최이슬

p168, 그림 8.4, 도심 명상센터 단면 개념 스케치, ⓒ 이정운

p169, 그림 8.5, Our Village 경관 개념 스케치, ⓒ 엄기범

p169, 그림 8.6, Re-Issue; New Community 입면 스케치, ⓒ 최이슬

p170, 그림 8.7, 신 중앙시장 리노베이션 형태 생성 다이어그램, ⓒ 하상준

p171, 그림 8.8, Linear Carpet 형태 생성 다이어그램, ⓒ 엄기범

p172, 그림 8.9, 평면도, ⓒ 홍철민

p173, 그림 8.10, 단면도, ⓒ 홍철민

p174, 그림 8.11, 입면도, ⓒ 홍철민

p175, 그림 8.12, Depth 액소노메트릭, ⓒ 박세리

p176, 그림 8.13, Dohbi Salon 투시도, ⓒ 신동휘

p177, 그림 8.14, 동대문 신발상가 A동 리노베이션 프로젝트 Hand drawings and Collage, ⓒ 조근영

p178, 그림 8.15, 이태원 우사단로 하우징 프로젝트 액소노메트릭, ⓒ 이우현

p179, 그림 8.16, 동대문 신발상가 A동 리노베이션 프로젝트 Compositions, ⓒ 김태희

p180, 그림 8.17, 동대문 신발상가 A동 리노베이션 프로젝트 Sectional Moments, ⓒ 권규형

p181, 그림 8.18, Architectural Drawing Workshop 과제, ⓒ 허은영

p182, 그림 8.19, 이태원 우사단로 하우징 프로젝트 투시도, ⓒ 허림

p183, 그림 8.20, Architectural Drawing Workshop 과제, ⓒ 서한솔

p184, 그림 8.21, 한강예술섬 서울 공연예술센터 모형, dmp건축설계, ⓒ 유용현

p185, 그림 8.22, DIY Shelter for Homeless 거적 모형, ⓒ 이정운

p186, 그림 8.23, Group Play 구조 모형, ⓒ 오미영

p186, 그림 8.24, Sixth Crossing Corridor Sheikh Rashid Bin Saeed Bridge 단면 모형, 유용현 설계, ⓒ FXFOWLE Architects, LLP

p189, 그림 8.26, 판교 중심상업용지 개발계획 디지털 렌더링, 간삼건축 설계, ⓒ BLUESQUARE

p190, 그림 8.27, 뚝섬 생태문화복합센터 계획안 디지털 렌더링, ⓒ 하상준

p190, 그림 8.28, 문화공생 디지털 렌더링, ⓒ 노준현

p191, 그림 8.29, 동대문 신발상가 A동 리노베이션 프로젝트 액소노메트릭 다이어그램, ⓒ 윤장연

p192, 그림 8.30, Adaptable Gallery 디지털 렌더링, ⓒ 유용현

p192, 그림 8.31, Drop Off Unit 디지털 렌더링, ⓒ 하상준

p193, 그림 8.32, Dulles Corridor Metrorail Project 디지털 렌더링, 유용현 설계, ⓒ Di Domenico-Partners, LLP

chapter 9

p196, 그림 9.1, 사진 ⓒ 김용관

p198, 그림 9.2, 사진 ⓒ 김용관

p199, 그림 9.3, 스케치 ⓒ 김효만

p200, 그림 9.4, 위치도 ⓒ 김효만

p200, 그림 9.5, 배치도, 투상도 ⓒ 김효만

p202, 그림 9.6, 사진 ⓒ 김용관

p203, 그림 9.7, 입면도 ⓒ 김효단

p203, 그림 9.8, 1층 평면도 ⓒ 김효만

p204, 그림 9.9, 사진 ⓒ 김용관

p205, 그림 9.10, 사진 ⓒ 김용관

p205, 그림 9.11, 사진 ⓒ 김용관

p207, 그림 9.13, 단면도 ⓒ 김효만

집필위원

김란수

명지대학교 건축대학 건축학부 부교수
미국 조지아텍 건축학 박사/ 건축사
현/ 대한건축학회 대외협력이사

이재훈

단국대학교 건축대학 건축학과 교수
서울대학교 건축학 박사
현/ 대한건축학회 연구1담당 부회장

김진욱

서울과학기술대학교 건축학부 교수
건축사, 고려대학교 공학 박사
현/ 대한건축학회 이사, 한국건축학교육인증원 사무총장

유용현

울산대학교 건축학부 건축학전공 교수
펜실베이니아대학교 건축학 석사
현/ 한국건축설계교수회 이사

박 열

광운대학교 공과대학 건축학과 교수
로마대학교 건축학 박사
현/ 대한건축학회 계획1위원회 부위원장

주 범

건국대학교 건축대학 교수
독일 도르트문트대학교 공학 박사
현/ 대한건축학회 정회원

박종기

순천향대학교 건축학과 교수
독일 베를린 공과대학교(TU Berlin) 공학 박사(Dr.-Ing.)
현/ 대한건축학회 정회원

정재용

홍익대학교 건축대학 학장 및 건축학과 교수
리버풀대학교 건축학 석사, 도시학 박사, RIBA 영국건축사
현/ 대한건축학회 연구1담당 이사

이준석

명지대학교 건축대학 건축학부 교수
펜실베이니아대학교 건축학 석사
현/ 한국건축설계교수회 교육위원장

황선우

황 건축스튜디오 소장
Bartlett School of Architecture UCL

건축설계
강의노트

2016년 3월 5일 1판 1쇄 발행
2025년 4월 10일 1판 6쇄 발행

저 자 대한건축학회
발 행 처 기문당
주 소 서울시 성동구 무학봉 28길 4-1
전 화 02) 2295-6171~2
팩 스 02) 6971-8188
홈페이지 www.kimoondang.com
I S B N 978-89-6225-708-3 93540

이 도서의 국립중앙도서관 출판시도서목록(CIP)은 서지정보유통지원시스템 홈페이지(http://seoji.nl.go.kr)와
국가자료공동목록시스템(http://www.nl.go.kr/kolisnet)에서 이용하실 수 있습니다.(CIP제어번호: CIP2016004866)